新世纪高职高专
机电类课程规划教材

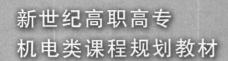

机械基础项目教程

JIXIE JICHU XIANGMU JIAOCHENG

新世纪高职高专教材编审委员会 组编

主 编 陈 雪 王晓强

副主编 马东波 郝洪云

　　　 赵英菊 王 群

参 编 胡 平 齐婉莎

大连理工大学出版社

DALIAN UNIVERSITY OF TECHNOLOGY PRESS

图书在版编目(CIP)数据

机械基础项目教程 / 陈雪,王晓强主编. — 大连：
大连理工大学出版社,2011.3(2019.1重印)
新世纪高职高专机电类课程规划教材
ISBN 978-7-5611-6077-0

Ⅰ.①机… Ⅱ.①陈… ②王… Ⅲ.①机械学—高等
职业教育—教材 Ⅳ.①TH11

中国版本图书馆 CIP 数据核字(2011)第 032770 号

大连理工大学出版社出版
地址:大连市软件园路 80 号　邮政编码:116023
发行:0411-84708842　邮购:0411-84708943　传真:0411-84701466
E-mail:dutp@dutp.cn　　URL:http://dutp.dlut.edu.cn
大连理工印刷有限公司印刷　　大连理工大学出版社发行

幅面尺寸:185mm×260mm　　印张:12　　字数:284 千字
2011 年 3 月第 1 版　　　　　2019 年 1 月第 6 次印刷

责任编辑:唐　爽　　　　　　　　责任校对:冼宗明
　　　　　封面设计:张　莹

ISBN 978-7-5611-6077-0　　　　　　定　价:29.80 元

本书如有印装质量问题,请与我社发行部联系更换。

总 序

我们已经进入了一个新的充满机遇与挑战的时代,我们已经跨入了21世纪的门槛。

20世纪与21世纪之交的中国,高等教育体制正经历着一场缓慢而深刻的革命,我们正在对传统的普通高等教育的培养目标与社会发展的现实需要不相适应的现状作历史性的反思与变革的尝试。

20世纪最后的几年里,高等职业教育的迅速崛起,是影响高等教育体制变革的一件大事。在短短的几年时间里,普通中专教育、普通高专教育全面转轨,以高等职业教育为主导的各种形式的培养应用型人才的教育发展到与普通高等教育等量齐观的地步,其来势之迅猛,发人深思。

无论是正在缓慢变革着的普通高等教育,还是迅速推进着的培养应用型人才的高职教育,都向我们提出了一个同样的严肃问题:中国的高等教育为谁服务,是为教育发展自身,还是为包括教育在内的大千社会? 答案肯定而且唯一,那就是教育也置身其中的现实社会。

由此又引发出高等教育的目的问题。既然教育必须服务于社会,它就必须按照不同领域的社会需要来完成自己的教育过程。换言之,教育资源必须按照社会划分的各个专业(行业)领域(岗位群)的需要实施配置,这就是我们长期以来明乎其理而疏于力行的学以致用问题,这就是我们长期以来未能给予足够关注的教育目的问题。

众所周知,整个社会由其发展所需要的不同部门构成,包括公共管理部门如国家机构、基础建设部门如教育研究机构和各种实业部门如工业部门、商业部门,等等。每一个部门又可作更为具体的划分,直至同它所需要的各种专门人才相对应。教育如果不能按照实际需要完成各种专门人才培养的目标,就不能很好地完成社会分工所赋予它的使命,而教育作为社会分工的一种独立存在就应受到质疑(在市场经济条件下尤其如此)。可以断言,按照社会的各种不同需要培养各种直接有用人才,是教育体制变革的终极目的。

随着教育体制变革的进一步深入,高等院校的设置是否会同社会对人才类型的不同需要一一对应,我们姑且不论。但高等教育走应用型人才培养的道路和走研究型(也是一种特殊应用)人才培养的道路,学生们根据自己的偏好各取所需,始终是一个理性运行的社会状态下高等教育正常发展的途径。

高等职业教育的崛起,既是高等教育体制变革的结果,也是高等教育体制变革的一个阶段性表示。它的进一步发展,必将极大地推进中国教育体制变革的进程。作为一种应用型人才培养的教育,它从专科层次起步,进而应用本科教育、应用硕士教育、应用博士教育……当应用型人才培养的渠道贯通之时,也许就是我们迎接中国教育体制变革的成功之日。从这一意义上说,高等职业教育的崛起,正是在为必然会取得最后成功的教育体制变革奠基。

高等职业教育还刚刚开始自己发展道路的探索过程,它要全面达到应用型人才培养的正常理性发展状态,直至可以和现存的(同时也正处在变革分化过程中的)研究型人才培养的教育并驾齐驱,还需要假以时日;还需要政府教育主管部门的大力推进,需要人才需求市场的进一步完善发育,尤其需要高职教学单位及其直接相关部门肯于做长期的坚忍不拔的努力。新世纪高职高专教材编审委员会就是由全国100余所高职高专院校和出版单位组成的旨在以推动高职高专教材建设来推进高等职业教育这一变革过程的联盟共同体。

在宏观层面上,这个联盟始终会以推动高职高专教材的特色建设为己任,始终会从高职高专教学单位实际教学需要出发,以其对高职教育发展的前瞻性的总体把握,以其纵览全国高职高专教材市场需求的广阔视野,以其创新的理念与创新的运作模式,通过不断深化的教材建设过程,总结高职高专教学成果,探索高职高专教材建设规律。

在微观层面上,我们将充分依托众多高职高专院校联盟的互补优势和丰裕的人才资源优势,从每一个专业领域、每一种教材入手,突破传统的片面追求理论体系严整性的意识限制,努力凸现高职教育职业能力培养的本质特征,在不断构建特色教材建设体系的过程中,逐步形成自己的品牌优势。

新世纪高职高专教材编审委员会在推进高职高专教材建设事业的过程中,始终得到了各级教育主管部门以及各相关院校相关部门的热忱支持和积极参与,对此我们谨致深深谢意,也希望一切关注、参与高职教育发展的同道朋友,在共同推动高职教育发展、进而推动高等教育体制变革的进程中,和我们携手并肩,共同担负起这一具有开拓性挑战意义的历史重任。

新世纪高职高专教材编审委员会
2001 年 8 月 18 日

前　言

　　《机械基础项目教程》是新世纪高职高专教材编审委员会组编的机电类课程规划教材之一。

　　我们已经进入了一个新的充满机遇与挑战的时代，这个时代是科技飞速发展的时代，中国制造业的崛起使我们国家正一步步地迈进世界强国的行列。为了国家的繁荣与昌盛，制造者们就应该不断地提高专业知识水平，以满足社会发展的需求。

　　本教材针对高职教育的培养目标和对毕业生的基本要求，结合编者多年的教学经验编写而成。在编写过程中，从应用角度出发，力求贯彻少而精、理论与实际相结合的原则，注重应用能力和创新能力的培养，以读者为本，条理清晰，便于阅读，主要特点体现为：

　　1.本书以培养应用型人才为目标，紧紧围绕着一线高级职业技术人员的工作需要编写，以"必需、够用"为原则，删减了理论性较强的内容，突出了实用性的教学内容。

　　2.课程内容按照综合化、模块化、工程化的原则设置，尽量采用实物图、立体简图和机构简图对应的编排方式，便于理解。

　　3.加强了习题部分，每个项目后附有习题和综合测试题，有利于学生课后巩固、复习。

　　本教材按功能分为五个模块，共十三个项目教学内容。模块一为零部件的受力分析及强度计算，包括零件的受力分析、零件的强度计算；模块二为机械传动，包括平面机构的运动简图、平面连杆机构、凸轮机构及其他常用机构、带传动与链传动、齿轮传动；模块三为连接，包括螺纹连接和螺旋传动、轴毂连接；模块四为轴系零部件，包括轴与轴承、联轴器和离合器；模块五为液压传动，包括液压传动的基础知识及液压元件、液压系统基本回路。

新世纪

本教材由陈雪、王晓强担任主编，马东波、郝洪云、赵英菊、王群担任副主编，胡平、齐婉莎也参加了编写。

尽管我们在探索教材建设的特色方面做出了许多努力，但由于编者的水平有限，加之时间仓促，教材中难免存在一些疏漏和不足之处，恳请读者批评指正，并将建议及时反馈给我们，以便修订时改进。

所有意见和建议请发往：dutpgz@163.com

欢迎访问我们的网站：http://www.Dutpbook.com

联系电话：0411-84707424　84706676

编　者

2011 年 3 月

目　录

绪　论 ……………………………… 1

0.1　机器的组成及特征……………… 1

0.2　本课程的内容、性质和任务 …… 2

0.3　本课程学习方法……………… 2

模块一　零部件的
受力分析与强度计算

项目一　零件的受力分析 ………… 5

1.1　静力学的基本概念及其公理…… 5

1.2　约束与约束力 ………………… 7

1.3　受力图 ………………………… 9

1.4　力的投影、力矩及力偶……… 10

1.5　求解约束力 ………………… 12

项目二　零件的强度计算………… 14

2.1　轴向拉伸与压缩 …………… 15

2.2　剪切与挤压的实用计算 …… 18

2.3　圆轴扭转 …………………… 19

2.4　弯曲变形 …………………… 21

模块二　机械传动

项目三　平面机构的运动简图……… 27

3.1　运动副及其分类 …………… 27

3.2　平面机构的运动简图 ……… 28

3.3　综合测试 …………………… 30

项目四　平面连杆机构…………… 32

4.1　平面四杆机构的类型及应用 … 32

4.2　四杆机构的特性 …………… 36

4.3　综合测试 …………………… 38

项目五　凸轮机构及其他常用机构…… 41

5.1　凸轮机构 …………………… 41

5.2　棘轮机构 …………………… 45

5.3　槽轮机构 …………………… 46

5.4　不完全齿轮机构 …………… 47

5.5　综合测试 …………………… 48

项目六　带传动与链传动………… 50

6.1　带传动 ……………………… 50

6.2　链传动 ……………………… 57

6.3　综合测试 …………………… 60

项目七　齿轮传动………………… 63

7.1　直齿圆柱齿轮传动 ………… 63

7.2　斜齿圆柱齿轮传动 ………… 72

7.3　直齿圆锥齿轮传动 ………… 74

7.4　齿轮传动的失效分析和齿轮

　　材料 ………………………… 75

7.5　齿轮结构 …………………… 77

7.6　蜗杆传动 …………………… 78

7.7　综合测试 …………………… 81

模块三　连　接

项目八　螺纹连接和螺旋传动………… 87

8.1　螺纹基础知识 ……………… 87

8.2　螺纹连接的基本类型、预紧和

　　防松 ………………………… 90

8.3　螺旋传动的应用形式 ············ 93

8.4　综合测试 ················· 98

项目九　轴毂连接 ·············· 102

9.1　键连接的类型及应用 ········· 102

9.2　销连接 ················· 105

9.3　综合测试 ················ 106

模块四　轴系零部件

项目十　轴与轴承 ·············· 111

10.1　轴 ·················· 111

10.2　滚动轴承 ·············· 116

10.3　滑动轴承 ·············· 126

10.4　综合测试 ·············· 131

项目十一　联轴器和离合器 ········· 134

11.1　联轴器 ··············· 134

11.2　离合器 ··············· 139

11.3　综合测试 ············· 141

模块五　液压传动

项目十二　液压传动的基础知识及液压

元件 ················· 145

12.1　液压传动的基本原理及组成 ··· 145

12.2　液压传动系统的压力与流量 ··· 149

12.3　液压动力元件 ············ 150

12.4　液压执行元件 ············ 154

12.5　液压辅助元件 ············ 159

12.6　综合测试 ·············· 161

项目十三　液压系统基本回路 ········· 164

13.1　方向控制回路 ············ 164

13.2　速度控制回路 ············ 169

13.3　压力控制回路 ············ 174

13.4　综合测试 ·············· 180

参考文献 ················· 184

绪　论

【实际问题】

人们常常提到机器,那么什么是机器? 机器是怎么构成的?

【学习目标】

(1)掌握机械、机器、机构的概念与区别。

(2)掌握零件、构件的概念与区别。

(3)了解本课程的内容与任务。

(4)掌握本课程的学习方法。

【学习建议】

(1)仔细观察生活中常见机器的运动,如缝纫机、自行车等。

(2)多看、多想、多记、多练。

【教学内容】

0.1　机器的组成及特征

1.机器的概念

在人类的生产和生活中,为了减轻人的劳动和提高生产效率,人们创造了各式各样的机器,如汽车、起重机、机床、内燃机、发电机、缝纫机、自行车等。

尽管机器的种类繁多,结构形式和用途也各不相同,但总的来说机器有三个共同特征:

(1)都是一种人为实物的组合;

(2)各部分之间具有确定的相对运动;

(3)能完成有用的机械功或实现能量转换。

2.构件与零件

从加工制造角度来看,在机器(或机构)中不可分割的最小单元体称为零件。如螺钉、螺母,自行车中的车圈、车条等。因此,机器是由零件组成的。

在机器中,这些零件不是单独运动的,而是刚性组合在一起作为一个整体来独立参与运动,如自行车中的车圈、车条、车带作为一个整体转动,这个整体我们就称它为构件。因此,从运动角度出发,机器是由构件组成的。

构件可以是一个零件;也可以是由几个零件组成,但各个零件之间没有相对运动。

3.机构

在由一系列构件组成的构件系统中,选取一个构件加以固定(称为机架),当另一构件

(或几个构件)按给定的规律独立运动时,其余构件的运动也确定,这个构件系统就称为机构。机构中输入运动的构件称为原动件(如自行车大链轮),其余可动的构件则称为从动件(如自行车链条、小链轮)。由此可见,机构是由原动件、从动件和机架三部分组成。

机器通常由一个或几个机构组成,每个机构实现一定的运动变换。机构具有机器的前两个特征,即也是人为实物的组合,其各部分之间的相对运动也是确定的,但不能做有用的机械功或转换机械能,即仅仅能实现一种运动,这也是机器与机构之间的区别。如带传动、链传动、齿轮传动机构等。

4.机械

机器与机构的统称为机械。

0.2 本课程的内容、性质和任务

本课程研究的对象为机械中的常用机构、常用传动,研究其工作原理、结构特点、零部件的受力分析和强度计算方法及一些零部件的应用和维护。

本课程的任务:

(1)了解和掌握常用机构及通用零件的工作原理、类型、特点及应用等基本知识。

(2)掌握零件受力分析和强度计算方法。

(3)了解和掌握液压传动基本知识,能读懂简单液压回路。

0.3 本课程学习方法

本课程是从理论性、系统性很强的基础课向实践性较强的专业课过渡的一个重要转折点。因此,学生学习本课程时必须在学习方法上有所转变,应注意以下几点:

(1)学生一旦接触本课程就会产生"没有系统性"等感觉,这是由于学生习惯了基础课的系统性所造成的。本课程的各部分内容都是按照工作原理、结构、使用维护的顺序介绍的,有其自身的系统性,学习时应注意这一点。

(2)由于实践中所发生的问题很复杂,很难用纯理论的方法来解决,因此常常采用经验公式、参数,以及简化计算等,这样往往会给学生造成"不讲道理"等错觉,这点必须在学习过程中逐步适应。

(3)计算步骤和结果有时不具有唯一性。

(4)学生必须逐步培养把理论计算与结构设计、工艺结合起来解决工程问题的能力。

(5)通过本课程的学习体会经验的重要性。

思考

(1)机构与机器的异同点是什么?

(2)概述机械、机器、机构之间的关系。

(3)概述机构与构件之间的关系。

(4)概述构件、零件之间的关系。

模块一
零部件的受力分析与强度计算

　　工程上的机械、设备、结构都是由构件组成的。构件工作时要承受载荷作用。为了使构件在载荷作用下正常工作而不破坏,要求构件具有一定的强度。本篇研究构件的受力分析方法及强度计算问题。

项目一

零件的受力分析

【实际问题】

如图 1.1 所示的三角支架在日常生活中常见,其中杆 AB 和杆 CD 各受多大的力?

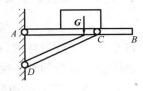

图 1.1　三角支架

【学习目标】

(1)培养从实际生产中抽象出力学模型的能力。

(2)掌握物体的受力分析方法,正确画出研究对象的受力图。

(3)正确运用平衡方程求解物体所受力大小。

【学习建议】

本学科的理论性较强,学习时要将基本理论熟记,通过多做练习来理解和掌握知识。

【教学内容】

1.1　静力学的基本概念及其公理

1.1.1　静力学的基本概念

力:是物体之间的相互机械作用。作用结果是使物体运动状态发生变化(称为力的外效应)和使物体产生变形(称为力的内效应)。

力的三要素:大小、方向、作用点。这三个要素中有一个改变时,力对物体作用的效果也随之改变。

力的单位:在国际单位制中,力的单位是牛顿,符号为 N。工程上常用千牛顿作单位,符号为 kN,1 kN=1 000 N。

力是矢量,可以用带有箭头的有向线段来表示,线段长度(按一定比例画出)表示力的大小,箭头的指向表示力的方向,线段的起点或终止点表示力的作用点,如图 1.2 所示。

图 1.2　力的图示

刚体:是指在力的作用下其大小和形状都不改变的物体。

平衡:是指物体相对于地球处于静止或匀速直线运动状态。

力系:是指作用于被研究物体上的一组力。根据力的作用形式不同,平面力系分为:平面平行力系,如图 1.3(a)所示;平面汇交力系,如图 1.3(b)所示;平面任意力系,如图 1.3(c)所示;平面力偶系,如图 1.3(d)所示。

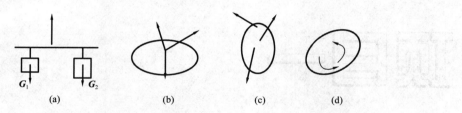

图 1.3　力系的类型

平衡力系：若力系使物体处于平衡状态时，则该力系称为平衡力系。

等效力系：若两力系分别作用于同一物体而效应相同，则二者互称等效力系。

合力：若力系与一力等效，则称此力为该力系的合力。

1.1.2　静力学公理

人们在长期的生活和生产实践中，总结出了一些关于力的基本性质，经过反复的证明是符合客观实际规律的，被人们所公认。静力学公理是对力的基本性质的概括和总结，是解决物体受力分析问题的关键。

公理 1：二力平衡公理

刚体只受两个力作用而处于平衡状态时，必须也只需这两个力的大小相等，方向相反，且作用在同一条直线上，即 $F_1 = F_2$。如图 1.4 所示。

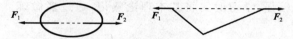

图 1.4　二力平衡

工程上常遇到只受两个力作用而平衡的构件，称为二力构件，如图 1.5 所示。若构件为杆状则称为二力杆，如图 1.6 所示。

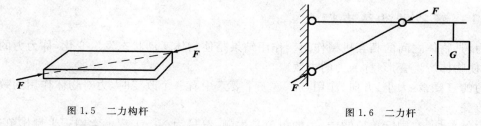

图 1.5　二力构杆　　　　　　　　　图 1.6　二力杆

公理 2：加减平衡力系公理

在作用着已知力系的刚体上，加上或减去任意的平衡力系，并不改变原力系对于刚体的作用效果，如图 1.7 所示（图中 $F_1 = F_4$）。

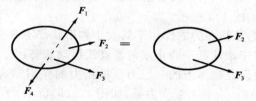

图 1.7　加减平衡力系公理

推论 1：力的可传性原理

如图 1.8 所示（$F_1 = -F_2$），刚体上的力可沿其作用线移动到刚体上任一点而不改变此力对刚体的作用效应。

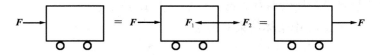

图 1.8　力的可传性原理

公理 3：力的平行四边形公理

作用于物体上同一点的两个力，可以合成为一个合力。合力也作用于该点，合力的大小和方向可用这两个力为邻边所构成的平行四边形的对角线来确定，如图 1.9 所示。

例 1.1　如何将图 1.10 所示的三个力合成为一个合力？有几种方法？

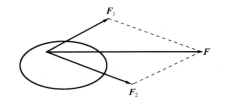

图 1.9　力的平行四边形公理

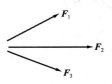

图 1.10　例 1.1 图

推论 2：三力平衡汇交定理

刚体上受三个共面但互不平行的力作用而平衡时，三力必汇交于一点。

三力汇交定理可用来确定刚体在不平行三个力的作用下平衡时，第三个力的作用点和方向。

例 1.2　如何通过图 1.11 证明三力汇交定理？

提示：利用力的可传性原理、力的平行四边形公理和二力平衡公理。

公理 4：作用与反作用公理

两个物体间的作用力与反作用力总是成对出现，且大小相等、方向相反、沿着同一直线，分别作用在这两个物体上。

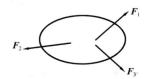

图 1.11　例 1.2 图

1.2　约束与约束力

在工程中，各种构件的运动都要受到与它相连的其他构件的限制。一个物体的运动受到周围其他物体的限制时，这种限制称为约束。约束实际上是起到了一个力的作用，这种作用于被约束物体上的力称为约束力。由于约束力是物体产生的，所以是未知力，也称为被动力。约束力以外的力统称为主动力，也称为已知力。

下面介绍工程上常见的约束类型及其约束力的表示方法。

1.2.1 柔体约束

由柔软的绳索、链条、胶带等柔软的物体所构成的约束类型称为柔体约束。其约束力的表示方法是过连接点沿着绳索而背离物体。如图 1.12 所示。

例 1.3 画出图 1.13 中柔体约束的约束力。

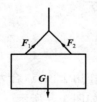

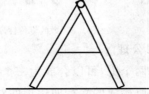

图 1.12 柔体约束的约束力　　　　　　　　　　图 1.13 例 1.3 图

1.2.2 光滑面约束

如果两个物体接触面上的摩擦力很小,可略去不计。这种接触面所构成的约束类型称为光滑面约束。其约束力的表示方法是作用点在接触点,沿着公法线而指向受力物体,如图 1.14 所示。

例 1.4 画出图 1.15 中球和杆的受力图。

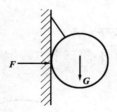

图 1.14 光滑面约束的约束力　　　　　　　　　图 1.15 例 1.4 图

1.2.3 铰链约束

两个物体用光滑的圆柱形销钉相连接。受约束的物体只能产生转动,这种约束类型称为铰链约束。根据被连接物体的形状不同,可分为三种形式:

1. 中间铰链约束

被连接的两个物体纵向尺寸都较大,受约束的两个物体都能作回转运动,这种类型的约束称为中间铰链约束。其约束力的表示方法是作用点过铰链中心,通常用两个正交分力来代替,如图 1.16 中 C 点。

2. 固定铰链支座约束

被连接的两个物体中其中一个物体的纵向尺寸较小,形状变为支座,并经常进行固定,这种类型的约束称为固定铰链支座约束。其约束力的表示方法是作用点过铰链中心,通常用两个正交分力来代替。如图 1.17 中 A 点。

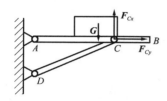

图 1.16 中间铰链的约束力

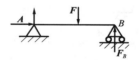

图 1.17 固定铰链支座及活动铰链
支座约束的约束力

3.活动铰链支座约束

在支座的下方通常有滑轮,因此这种约束类型只限制了被约束物体的一个运动方向,这种类型的约束称为活动铰链支座约束。其约束力的表示方法是作用点过铰链中心,方向垂直于支承面,指向依具体情况而定(与其他力系构成平衡力系),如图 1.17 所示。

例 1.5 画出图 1.18 中铰链约束的约束力。

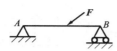

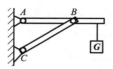

图 1.18 例 1.5 图

1.2.4 固定端约束

受约束的物体一端被固定而另一端处于自由状态,这种约束的类型称为固定端约束。例如,建筑物中的阳台、机床中的刀具、路旁的电线杆等。其约束力的表示方法是作用点过固定端,通常用两个正交分力和一个约束力偶来代替,如图 1.19 所示。

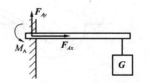

图 1.19 固定端约束的约束力

1.3 受力图

为了清楚地表示出物体的受力情况,把所要研究的物体从约束中分离出来,单独画出它的简图,并画出其上所受的全部外力。这种在分离体上画出物体所受的全部外力的图称为受力图,如图 1.20 所示。

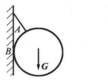

图 1.20 小球受力图

画受力图步骤:

(1)确定研究对象,画分离体。

(2)画主动力。

（3）画约束力。

例 1.6 画出图 1.21 所示各物体的受力图。

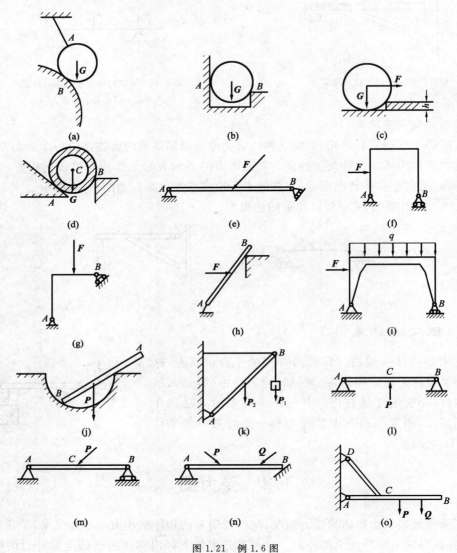

图 1.21 例 1.6 图

1.4 力的投影、力矩及力偶

1.4.1 力在坐标轴上的投影

力在坐标轴上的投影如图 1.22 所示，是代数量，有正、负之分。当投影的指向与坐标轴的正向一致时，投影为正号，反之为负号。

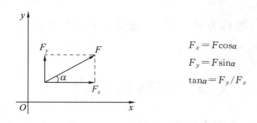

图 1.22　力在坐标轴上的投影

$$F_x = F\cos\alpha$$
$$F_y = F\sin\alpha$$
$$\tan\alpha = F_y / F_x$$

1.4.2　力对点之矩

力可以使物体产生移动也可以使物体产生转动。实践证明,螺母的拧紧程度不仅与力 F 的大小有关,而且与螺母中心 O 到力作用线的距离 d 有关,如图 1.23 所示。力 F 一定时,d 越大,螺母拧得越紧。如果力 F 的作用方向与图中相反时,则扳手将螺母松开。

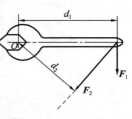

图 1.23　力对点的矩

因此,以乘积并冠以正、负号作为力 F 使物体绕 O 点产生转动效应的度量,称为力 F 对 O 点之矩,简称力矩,用 $M_O(F)$ 表示。规定力使物体绕逆时针转动为时,力矩为正,反之力矩为负,即

$$M_O(F) = \pm Fd$$

式中,O 点称为矩心,O 点到力作用线的距离 d 称为力臂。

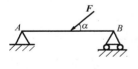

图 1.24　例 1.7 图

力矩单位:N・m 或 kN・m。

力矩的性质:

(1)$M_O(F)$ 的大小不仅与 F 的大小有关,还与 d 有关。

(2)当力等于零或力的作用线通过矩心时,力矩等于零。

例 1.7　如何计算图 1.24 中力 F 对点 A、B 的矩?

1.4.3　力偶的概念

一对等值、反向、不共线的平行力,称为力偶,记作(F,F')。如图 1.25 所示。

力偶矩:力偶使物体产生转动的效果既与力的大小成正比,又与力偶臂的大小成正比,因此,可用两者的乘积来度量力偶作用效果的大小,这个乘积称为力偶矩,记作 $M(F,F')$ 或 M,即

$$M = \pm Fd$$

力偶单位:N・m 或 kN・m。

力偶的三要素:力偶矩的大小、力偶的转向、力偶的作用面。

力偶系:物体上有两个或两个以上力偶作用。如图 1.26 所示。

图 1.25

图 1.26　力偶系

力偶的性质：

（1）在坐标轴上投影的代数和为零，因此不能简化为一个合力。

（2）力偶与矩心的位置无关。

1.5　求解约束力

在受力图中只解决了求解约束力的作用点和方向，其大小需用平衡方程来求解。工程上由于构件的结构形式不同，使得各力的作用线分布情况不同，力系可分为平面力系（各力在同一平面）和空间力系（各力不在同一平面）。

平面任意力系的平衡条件是：力系中所有的力在两个坐标轴上的投影的代数和均等于零；力系中所有的力对平面内任意点 O 之矩的代数和为零，即

$$\sum F_x = 0$$
$$\sum F_y = 0$$
$$\sum M_O(\boldsymbol{F}) = 0$$

例 1.8　试求图 1.27 中梁 AB 的支反力。已知 $F = 6$ kN，作用点在梁的中点，AB 的长度 $L = 4$ m。

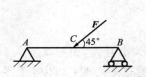 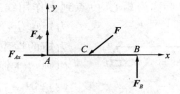

图 1.27　例 1.8 图

解
$$\sum F_x = 0, F_{Ax} - F\cos 45° = 0$$
$$\sum F_y = 0, F_{AY} - F\sin 45° + F_B = 0$$
$$\sum M_A(\boldsymbol{F}) = 0, -\frac{1}{2}FL\sin 45° + F_B L = 0$$

解方程组，得

$$F_A = 4.74 \text{ kN}, F_B = 2.12 \text{ kN}$$

【思考】

（1）列出本题的其他方程形式。

（2）找出最简单的解题方法。

【小结】

1. 平面汇交力系平衡方程形式

$$\sum F_x = 0$$
$$\sum F_y = 0$$

2.平面任意力系平衡方程形式

$$\begin{cases} \sum F_x = 0 \\ \sum F_y = 0 \\ \sum M_A(\boldsymbol{F}) = 0 \end{cases} \quad \text{或} \quad \begin{cases} \sum F_x = 0(\sum F_y = 0) \\ \sum M_A(\boldsymbol{F}) = 0 \\ \sum M_B(\boldsymbol{F}) = 0 \end{cases}$$

3.平面平行力系平衡方程形式

$$\begin{cases} \sum F_x = 0(\sum F_y = 0) \\ \sum M_A(F) = 0 \end{cases} \quad \text{或} \quad \begin{cases} \sum M_A(\boldsymbol{F}) = 0 \\ \sum M_B(\boldsymbol{F}) = 0 \end{cases}$$

4.平面力偶系的平衡方程形式

$$\sum M_i = 0$$

平面力偶系只能列一个独立方程,可求解两个未知数。

【**习题**】

(1)如图 1.28 所示简支梁受集中力 $P = 20$ kN,求支座 A、B 的约束力。

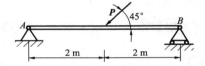

图 1.28 习题(1)图

(2)如图 1.29 所示简支梁受集中力 $P = 20$ kN,求支座 A、B 的约束力。

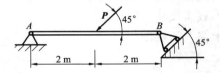

图 1.29 习题(2)图

(3)如图 1.30 所示,电机重 $G = 5$ kN,放在水平梁 AB 的中央,求支撑杆 BC 所受的力。

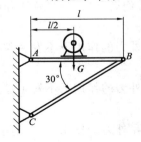

图 1.30 习题(3)图

零件的强度计算

【实际问题】

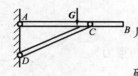

图 2.1 三角支架

如图 2.1 所示的三角支架在日常生活中常见,人们会考虑以下几个问题:

(1)假定图 2.1 中重力 **G** 是已知力,支架能否承受重物而不破坏?

(2)假定需要设计图示支架,杆的截面尺寸需多大才能支承起重物?

(3)假定支架已有,那么能支承起多重的重物?

【学习目标】

(1)能正确判断支架在此重物作用下能否破坏。

(2)能计算所需杆的最小截面尺寸。

(3)能判断某支架能支承多大的重物。

【学习建议】

讲清四种基本变形的受力特点、变形特点及分析方法,多做练习。

【教学内容】

各种工程结构都是由若干构件组合而成,当构件工作时都要受到力的作用,为保证构件能正常工作,应满足以下条件:

(1)具有足够的强度。构件在外力的作用下不发生破坏,构件这种抵抗破坏的能力称为强度。

(2)具有足够的刚度。构件在外力的作用下不发生过大的变形,构件这种抵抗变形的能力称为刚度。

(3)具有足够的稳定性。构件在外力的作用下保持其原有几何平衡状态的能力称为稳定性。对于细长杆和薄壁件易产生失稳。

在保证具有足够的强度、刚度和稳定性的前提下,构件所能承受的最大载荷称为构件的承载能力。我们只讨论构件的强度问题。

工程中常见构件变形的基本形式有四种:

(1)拉伸与压缩,如图 2.2(a)、(b)所示。

(2)剪切,如图 2.2(c)所示。

(3)扭转,如图 2.2(d)所示。

(4)弯曲,如图 2.2(e)、(f)所示。

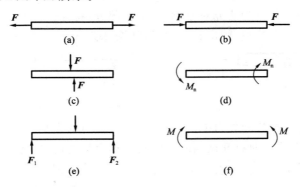

图 2.2　杆件的基本变形形式

例 2.1　图 2.3 中的构件属于哪种变形形式?

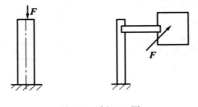

图 2.3　例 2.1 图

2.1　轴向拉伸与压缩

2.1.1　轴向拉伸与压缩概念与实例

在工程上有许多构件承受拉力和压力的作用。这类杆件的受力特点是外力作用线与杆轴线重合;变形特点是杆件沿轴线方向上伸长或缩短,如图 2.4 所示。

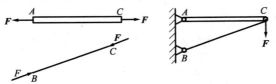

图 2.4　变形特点

2.1.2　截面法与轴力

1.内力的概念

在外力的作用下,构件内部各部分之间必定会存在着相互的作用力,这种物体内部之间相互的作用力称为内力。

2.截面法与轴力

杆件在拉伸与压缩时产生的内力称为轴力,用符号 F_N 表示。

求内力的方法通常用截面法,其步骤如下:

（1）截开：沿欲求内力的截面截开，假想的把杆件分成两部分，如图 2.5(a)所示。

（2）代替：取其中一部分为研究对象，弃去另一部分，将弃去部分对研究对象的作用以截面上的内力（力或力偶）来代替，画出其受力图，如图 2.5(b)或(c)所示。

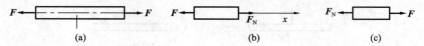

图 2.5　用截面法求内力

（3）平衡：列出研究对象的静力平衡方程，确定未知力的大小。

符号规定：当轴力的指向离开截面时，杆受拉，轴力为正值；反之为负值。

由 $\sum F_x = 0, -F + F_N = 0$，得 $F_N = F$。

例 2.2　求图 2.6 中指定截面 1—1、2—2 上的内力。

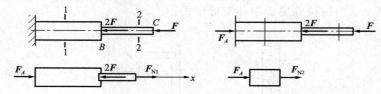

图 2.6　例 2.2 图

解

（1）外力分析：

$$\sum F_x = 0, F_A - 2F - F = 0$$
$$F_A = 3F$$

（2）内力分析：

取左端为研究对象：

$$\sum F_x = 0, F_A - 2F + F_{N1} = 0$$
$$F_{N1} = -F$$

取右端为研究对象：

$$\sum F_x = 0, F_A + F_{N2} = 0$$
$$F_{N2} = -F（负号代表方向与实际方向相反）$$

思考：例 2.2 是否还有其他解法？

2.1.3　横截面上的应力

1.应力的概念

假如用同一材料制成截面面积不等的两个构件，在相同的拉力下，截面小的构件必然先被破坏。这说明构件的强度不仅与轴力的大小有关，而且还与构件的横截面面积有关。单位面积上的内力称为应力。构件的强度取决于应力的大小。应力有正应力和切应力之分：方向与横截面垂直称为正应力 σ；方向与横截面平行称为切应力 τ。

应力的单位为 Pa（帕），1 Pa=1 N/m²。在工程实践中，还常采用 MPa（兆帕）和 GPa（吉帕），1 GPa $=10^9$ Pa，1 MPa$= 10^6$ Pa。

2. 横截面上的应力

取一等截面直杆,在杆上画出与轴线相垂直的两条平行线,然后对其杆件施加拉力,使其产生拉伸变形(如图2.7所示)。从中可以观察到变形后两条线仍为直线且垂直于轴线,这说明内力在横截面上是均匀分布的,因此可得出如下结论:

图 2.7 拉伸实验

$$\sigma = F_N / A$$

2.1.4 轴向拉压杆的强度计算

1. 极限应力 许用应力 安全因数

材料丧失正常工作能力时的应力,称为极限应力,用 σ_0 表示。

对于塑性材料:　　　　　　　　　　　$\sigma_0 = \sigma_S$

对于脆性材料:　　　　　　　　　　　$\sigma_0 = \sigma_b$

一般把极限应力除以大于1的安全因数 n ,所得的商称为许用应力,用 $[\sigma]$ 表示。即

$$[\sigma] = \sigma_0 / n$$

对于塑性材料, $n = 1.3 \sim 2.0$;对于脆性材料, $n = 2.0 \sim 3.5$ 。

$[\sigma]$ 值可从有关手册中查到。

2. 拉压杆的强度条件

$$\sigma_{max} \leqslant [\sigma]$$

即　　　　　　　　　　　　　　　$F_{Nmax} / A \leqslant [\sigma]$

思考:如何利用强度条件解决工程上的强度校核、确定截面尺寸和计算许可载荷问题?

【习题】

(1)用于拉紧钢丝绳的张紧器如图2.8所示。已知所受拉力 $F = 35$ kN,套筒和拉杆均为 A3 钢, $[\sigma] = 160$ MPa ,拉杆 M20 螺纹内径 $d_1 = 17.29$ mm ,其他尺寸如图所示。试校核拉杆与套筒的强度。

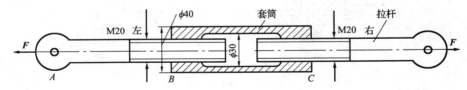

图 2.8 习题(1)图

(2)起重链环受力如图2.9所示。已知链环材料的许用应力 $[\sigma] = 60$ MPa ,链环直径 $d = 18$ mm,最大起重量为 $F = 35$ kN。(1)校核链条强度。(2)如强度不足,重新计算链条所能起吊的最大载荷。

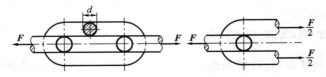

图 2.9 习题(2)图

(3)链片的受力如图2.10所示。链片尺寸为: $h = 2.5$ cm, $d = 1.1$ cm, $R = 1.8$ cm, $t =$

0.5 cm,许用应力$[\sigma]=80$ MPa。试确定其能承受的最大载荷 F。

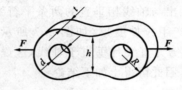

图 2.10 习题(3)图

2.2 剪切与挤压的实用计算

2.2.1 剪切的概念与实例

在工程上的连接件中,经常见到受大小相等、方向相反、作用线相互平行且相距很近的一对外力的作用,使构件在两力之间的部分发生相对错动。这种变形形式称为剪切。发生错动的面称为剪切面,只有一个剪切面的称为单剪切,如图 2.11 所示;有两个剪切面的称为双剪切。剪切时产生的内力称为剪力,用 F_s 表示,如图 2.12 所示。

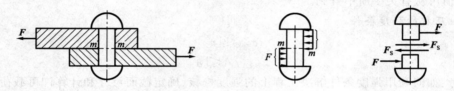

图 2.11 单剪切变形

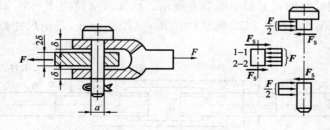

图 2.12 双剪切变形

1.单剪切

$$\sum F_x = 0, F - F_s = 0, F_s = F$$

2.双剪切

$$\sum F_x = 0, F - 2F_s = 0, F_s = F/2$$

2.2.2 剪切时的应力与强度条件

构件在发生剪切变形时,在剪切面上产生的应力称为切应力。切应力在剪切面上的分布通常比较复杂,工程中为了计算简便通常认为是均匀分布的。即

$$\tau = F_s/A$$

剪切强度条件

$$F_{\mathrm{Smax}}/A \leqslant [\tau]$$

2.2.3　挤压的概念与实例

工程上的连接件中,在受剪切变形的同时还会伴随有挤压的现象,严重时会使接触表面产生明显的塑性变形,使构件丧失了正常的工作能力。挤压时产生的应力称为挤压应力,用符号 σ_{jy} 表示。

挤压强度条件

$$F/A_{\mathrm{jy}} \leqslant [\sigma_{\mathrm{jy}}]$$

式中,A_{jy} 为有效挤压面面积。当挤压面为平面时,即为接触面面积;当挤压面为曲面时挤压面计算面积为通过直径的平面面积。

例 2.3　写出图 2.13 中的剪切面面积和挤压面积。

【习题】

电动机主轴与皮带轮用平键连接,如图 2.14 所示。已知轴的直径 $d=70$ mm,键的尺寸 $b \times h \times l = 20$ mm $\times 12$ mm $\times 100$ mm,轴传递的最大力矩 $M=1.5$ kN·m。平键的材料为 45 号钢,$[\tau]=60$ MPa,钢板与螺栓的许用挤压应力 $[\sigma_{\mathrm{bS}}]=100$ MPa。试校键的强度。

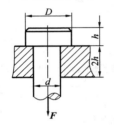

图 2.13　例 2.3 图

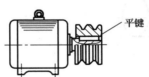

图 2.14　习题图

2.3　圆轴扭转

2.3.1　圆轴扭转的概念与实例

工程中的许多轴类零件要承受扭转变形。例如,钳工利用丝锥攻丝;司机操纵方向盘等,都会使其中的杆件受到作用面与杆轴线垂直的一对力偶作用;使得杆的各横截面均绕杆轴线发生相对的转动,如图 2.15 所示。

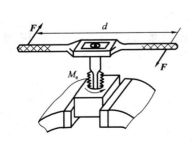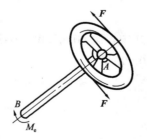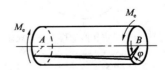

图 2.15　扭转变形

2.3.2 圆轴扭转时的内力与外力偶矩的计算

圆轴内部由于外力偶的作用而产生的内力称为扭矩,用符号 T 来表示。求扭矩的方法仍用截面法。如图 2.16 所示。

$$\sum M_i = 0, M_e - T = 0$$

$$T = M_e$$

扭矩符号规定:按右手螺旋法则,四指为扭矩的方向,若拇指背离截面为"+";指向截面为"−",如图 2.17 所示。

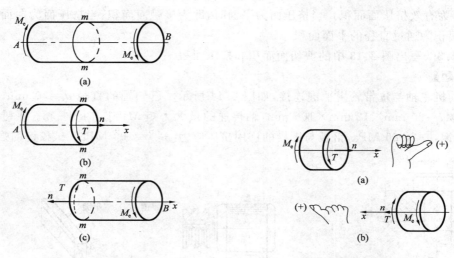

图 2.16　符号规则　　　　　　　　图 2.17　符号规则

工程中通常已知传动轴的转速及传递的功率,这样需要进行外力偶矩的计算。

$$T = 9\,549\,\frac{P(\text{kW})}{n(\text{r/min})}\quad(\text{N}\cdot\text{m})$$

2.3.3 圆轴扭转时的应力与强度计算

1.圆轴扭转时横截面上的应力及分布规律

由实验可知,圆轴扭转时横截面上的应力为切应力,其分布规律如图 2.18 所示。边缘处切应力最大,其值为

$$\tau_{\max} = T/W_p$$

式中,T 为扭矩;W_p 为扭转截面系数,对于实心圆轴 $W_p = 0.2d^3$。

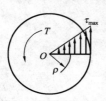

图 2.18　扭转时切应力分布规律

2.圆轴扭转强度条件

$$\tau_{\max} = T/W_p \leqslant [\tau]$$

【习题】

如图 2.19 所示,转轴的功率由 B 轮输入,A、C 轮输出。已知:$P_A = 60 \text{ kW}$,$P_C =$

20 kW,轴的许用切应力[τ]＝37 MPa,转速 n＝630 r/min。试设计转轴的直径。

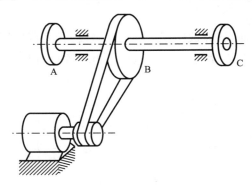

图 2.19 习题图

2.4 弯曲变形

2.4.1 平面弯曲

1.平面弯曲的概念与实例

工程上常见的梁其横截面都有一根对称轴,由梁的轴线与横截面上对称轴构成的平面称为纵向对称面。当作用在梁上所有的外力都在纵向对称面内时,变形后梁的轴线将在纵向对称面内变为曲线。这种变曲形式称为平面弯曲,如图 2.20 所示。

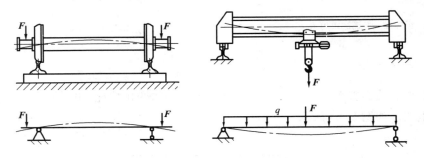

图 2.20 平面弯曲实例

2.梁的计算简图及分类

为了便于分析和计算,经常对梁进行简化。其简化形式为以下三种:

(1)简支梁,如图 2.21(a)所示。

(2)外伸梁,如图 2.21(b)所示。

(3)悬臂梁,如图 2.21(c)所示。

2.4.2 平面弯曲时的内力

求平面弯曲时的内力仍用截面法,如图 2.22 所示。为保持平衡,

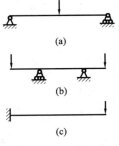

图 2.21 梁的简图

在截面 1-1 上必定有一个内力 F_S 和内力偶矩 M 作用,内力 F_S 称为截面上的剪力,内力偶矩 M 称为截面上的弯矩。

在梁的计算中,除窄而高(即截面高度远大于宽度)且跨度较短的梁要考虑剪力外,一般细长(即梁的跨度远大于截面横向尺寸)的梁,剪力对强度和刚度的影响很小,故可略去不计,只考虑弯矩。

$$\sum F_y = 0, F_A - F_S = 0$$
$$F_S = F_A$$
$$\sum M_O(\boldsymbol{F}) = 0, -F_A X + M = 0$$
$$M = F_A X$$

弯矩符号规定:梁变形后中间凹为"＋";梁变形后中间凸为"－"。如图 2.23 所示。

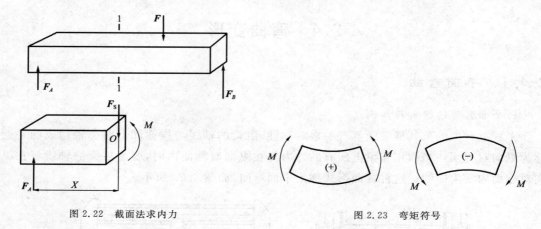

图 2.22 截面法求内力   图 2.23 弯矩符号

2.4.3 弯矩图

为清楚地表达出整个梁上每个横截面上弯矩大小的变化情况,用图形表示出来,这个简图称为弯矩图。如图 2.24 所示。

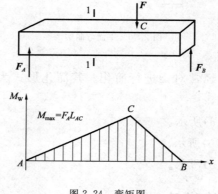

图 2.24 弯矩图

在 AC 段上

$$M = F_A x \quad (0 \leqslant x \leqslant L_{AC})$$

当 $x=L_{AC}$ 时,M 最大,其值为

$$M_{max}=F_A L_{AC}$$

作弯矩图的步骤:第一步,求出梁的支反力。第二步,求出各集中力(包括外力和约束反力)、集中力偶作用点(称为控制点)处截面上的弯矩。第三步,取横坐标 x 平行于梁的轴线,表示梁的截面位置;纵坐标 M_w 表示梁各截面的弯矩的大小,将各控制点弯矩的大小对应画在坐标轴上,然后连接各点。作图时将正值弯矩画在 x 轴的上方,负值弯矩画在 x 轴的下方,并在弯矩图上标出个控制点的弯矩值。

例 2.4 作图 2.25 所示各梁的弯矩图,并求出 $|M_{max}|$。

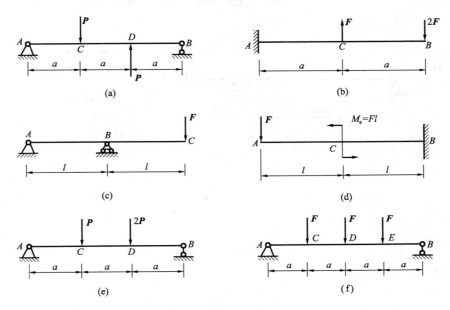

图 2.25 例 2.4 图

2.4.4 平面弯曲时梁的正应力与强度条件

1. 正应力分布规律

实验证明发生弯曲变形时,梁的上、下边缘两层产生的应力最大,中性层上的应力为零。如图 2.26 所示。

$$\sigma_{max}=\frac{M_{max}}{W_Z}$$

式中,W_Z 为弯曲截面系数。圆形截面 $W_Z=0.1 d^3$;矩形截面 $W_Z=bh^2/6$。

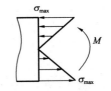

图 2.26 正应力分布规律

2. 强度条件

$$\frac{M_{max}}{W_Z}\leqslant[\sigma]$$

【习题】

(1)20a 号工字钢梁的支承及受力如图 2.27 所示。若梁长 3 m,载荷距两端各 1 m,$[\sigma]=$

160 MPa。试求许用载荷[P]。

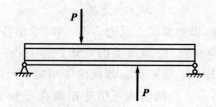

图 2.27　习题(1)图

(2)由 No.20b 工字钢制成的外伸梁,在外伸端 C 处作用集中力 F,已知[σ]＝160 MPa,尺寸如图 2.28 所示。求最大许用载荷[P]。

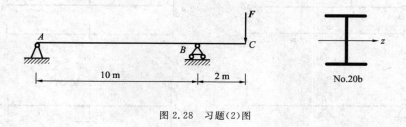

图 2.28　习题(2)图

模块二　机械传动

机器分为工作机和原动机。工作机一般都要靠原动机供给一定形式的能量才能工作。但是，把原动机和工作机直接连接起来的情况是很少的，往往须在两者之间加入传递动力或改变运动情况的传动装置。其主要原因是：

(1)工作机所要求的速度一般与原动机的最优速度不相符合，故需增速或减速，通常多为减速。

(2)很多工作机都需要根据生产要求而进行速度调整，但依靠调整原动机的速度来达到这一目的往往是不经济的，甚至是不可能的。

(3)原动机的输出轴通常只作均匀回转运动，而工作机要求的运动形式则是多种多样的，如直线运动、螺旋运动。

(4)为了工作安全及维护方便，或因机器的外廓尺寸受到限制等其他原因，有时不能把原动机和工作机直接连接在一起。

由此可见，传动装置是大多数机器的主要组成部分。

项目三

平面机构的运动简图

【学习目标】
(1)掌握运动副的概念及分类。
(2)能读懂机构运动简图。
【学习建议】
(1)结合生活中常见的机构举例,或用教具。
(2)采用多媒体教学,演示机构运动。
【教学内容】

3.1 运动副及其分类

3.1.1 运动副的概念

机构中各个构件之间必须有确定的相对运动,因此,构件的连接既要使两个构件直接接触,又能产生一定的相对运动,这种直接接触的活动连接称为运动副。

3.1.2 运动副的分类及特点

两构件的接触有三种情况:点、线、面。

1.低副

两构件之间以面接触的运动副。按两构件间的相对运动特征可分为转动副、移动副和螺旋副。

1)转动副

两构件之间只允许做相对转动的运动副,如图 3.1 所示。

2)移动副

两构件之间只允许做相对移动的运动副,如图 3.2 所示。

图 3.1 转动副

图 3.2 移动副

3)螺旋副

螺杆和螺母的连接。它是空间运动副,在此不作讨论。

2.高副

两构件之间以点或线接触的运动副。如图 3.3(a)和(c)所示为线接触,图 3.3(b)所示为点接触。

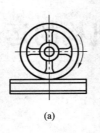　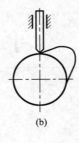　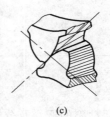

(a)　　　　　　　(b)　　　　　　　(c)

图 3.3　高副

3.运动副的特点

1)低副特点

由于是面接触,承受载荷时的单位面积压力较小,故较耐用,传力性能好。但低副是滑动摩擦,摩擦损失大,因而效率低。低副不能传递较复杂的运动。

2)高副特点

由于是点、线接触,承受载荷时的单位面积压力较大,故两构件接触处容易磨损,制造和维修困难,但高副能传递较复杂的运动。

4.低副机构与高副机构

机构中所有运动副均为低副的机构称为低副机构;机构中至少有一个运动副是高副的机构称为高副机构。

3.2　平面机构的运动简图

机构中各构件都在同一平面或相互平行平面内运动的机构称为平面机构。机构中各构件的相对运动只与运动副的数目、类型、相对位置及某些尺寸有关,而与构件的横截面尺寸、运动副的具体结构无关。所以对机构进行运动和受力分析时,并不需要了解机构的真实外形和具体结构,只需用规定的符号和线条按一定的比例表示构件和运动副的相对位置,这种简明表示机构各构件运动关系的图形称为机构运动简图。

只表示机构的结构及运动情况,不严格按比例绘制的简图称为机构示意图。

3.2.1　运动副及构件的表示方法

1.构件的表示方法

在机构运动简图中,构件用一个线条来表示。但当一个构件上有几个运动副时,就需要其他的表示方法,见表 3.1 所示。

表 3.1　　　　　　　　　　　　　构件的符号

名　称	符　号
机架	
杆、轴类构件	
固联构件	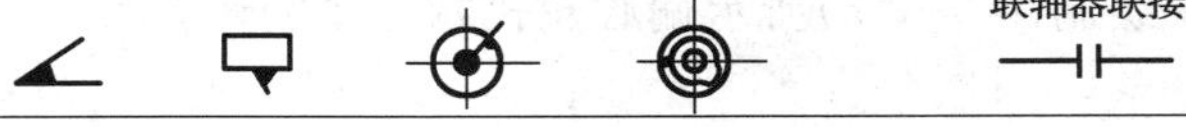 同一构件　　　　　　　　　　　联轴器联接
两副构件	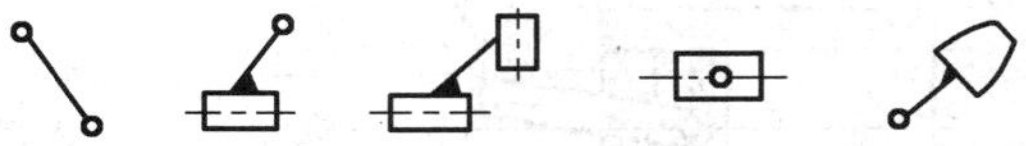
三副构件	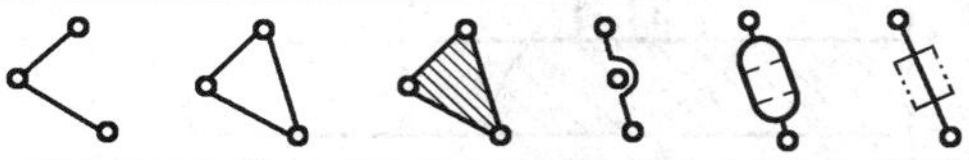

2.运动副的表示符号

运动副的表示符号如表3.2。

表 3.2　　　　　　　　　　　　　运动副的符号

名　称		符　号	
		两运动构件的连接	运动构件与固定构件的连接
平面副	转动副	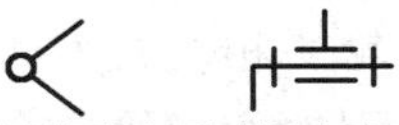 平行运动平面　垂直运动平面	 平行运动平面　垂直运动平面
	移动副	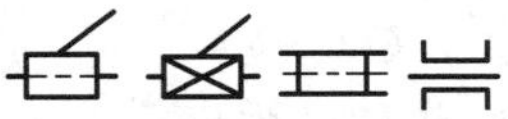	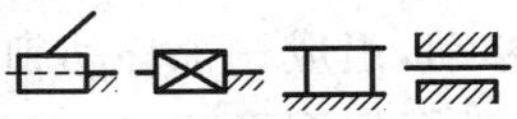
	平面高副		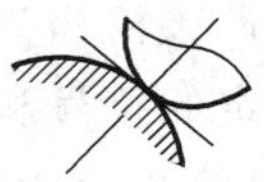
	螺旋副		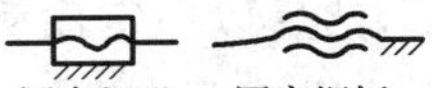 固定螺母　　固定螺杆
空间副	球面副		
	球销副		

3.2.2　运动简图表示方法

1.绘制运动简图的要求

(1)分析机构,观察相对运动;

(2)找出所有的构件与运动副；

(3)选择合理的位置，即能充分反映机构的特性。

2.绘制机构运动简图的步骤

(1)分析机构的结构及动作原理，找出主动件、从动件、机架；

(2)确定运动副种类；

(3)选择视图平面和比例尺，即能充分反映机构的特性；

(4)用规定的符号和线条绘制成简图（从原动件开始画）。

例3.1 绘制图3.4(a)所示偏心轮机构运动简图。

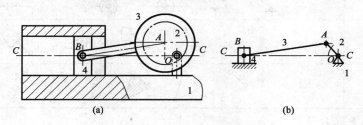

图3.4 偏心轮机构

解 (1)分析机构的结构及动作原理，找出主动件、从动件、机架。

此偏心轮机构中的1为机架，固定不动。构件2为主动件，作转动，带动构件3，构件3带动滑块4作往复直线运动。

(2)确定运动副种类。

此偏心轮机构中的机架1相对静止，偏心轮2相对机架1绕O点回转，组成一个转动副，其轴心在O点；构件3相对构件2绕A点回转，组成第二个转动副，其轴心在A点；构件4相对构件3绕B点回转，组成第三个转动副，其轴心在B点；构件4相对机架1沿$C-C$作直线移动，组成一个移动副，其导路方向同$C-C$。

(3)选择视图平面和比例尺，即能充分反映机构的特性。

通过分析，该机构为平面机构，所以选择与纸面平行的平面为视图平面。

(4)用规定的符号和线条绘制成简图。

首先画出偏心轮2与机架1组成的转动副的轴心O以及滑块4与机架1组成移动副的导路$C-C$，然后以一定比例画出连杆3与偏心轮2组成的转动副轴心A（A是偏心轮的几何中心）。线段OA称为偏心距，即曲柄的长度。再用同一比例画出滑块4与连杆3组成的转动副轴心B，B应在$C-C$上。线段AB代表连杆3的长度。最后用构件和运动副的符号相连接，并用数字标注各构件。如图3.4(b)所示。

3.3 综合测试

一、填空题

1.机器是人们根据使用要求而设计的一种执行_____的装置，其用来_____或_____能量、物料与信息，从而_____人类的体力劳动和脑力劳动。

2.计算机是用来实现变换_____的机器。

3.机器一般由_____、_____、_____和_____组成。

4.零件是机器的_____。

5.机构中至少有一个运动副是_____的机构称为高副机构。

6.低副是_____摩擦,摩擦损失_____,因而效率_____。此外,低副_____传递较复杂的运动。

二、选择题

1.在内燃机曲轴滑块机构中,连杆是由连杆盖、连杆体、螺栓以及螺母等组成。其中,连杆属于(   ),连杆体、连杆盖属于(   )。

A.零件　　　　　　　B.机构　　　　　　　C.构件

2.我们通常用(   )一词作为机构和机器的总称。

A.机构　　　　　　　B.机器　　　　　　　C.机械

3.电动机属于机器的(   )部分。

A.执行　　　　　　　B.传动　　　　　　　C.动力

4.机构与机器的本质区别在于(   )。

A.是否做功或实现能量的转换

B.是否由许多构件组合而成

C.各构件间是否产生相对运动

三、判断题(在括号中,正确画"√",错误画"×")

1.高副能传递较复杂的运动。　　　　　　　　　　　　　　　　(　　)

2.凸轮与从动杆之间的接触属于低副。　　　　　　　　　　　　(　　)

3.门与门框之间的连接属于低副。　　　　　　　　　　　　　　(　　)

4.构件都是由若干个零件组成。　　　　　　　　　　　　　　　(　　)

5.构件是运动的单元,而零件则是制造的单元。　　　　　　　　(　　)

6.高副比低副的承载能力大。　　　　　　　　　　　　　　　　(　　)

7.机构就是具有相对运动构件的组合。　　　　　　　　　　　　(　　)

8.车床的车鞍与导轨之间组成转动副。　　　　　　　　　　　　(　　)

四、简答题

1.为什么要画机构运动简图?

2.何谓运动副? 常见的平面运动副有哪些?

3.观察你的雨伞,指出主动件、从动件、机架,画出其机构运动简图。

项目四

平面连杆机构

【实际问题】
图 4.1 所示为一台缝纫机,人们会问:它是怎样运动的?
【学习目标】
(1)了解铰链四杆机构的类型及应用实例。
(2)掌握平面连杆机构的运动特性。
(3)掌握铰链四杆机构存在曲柄的条件。
(4)了解含有移动副的四杆机构。
【教学内容】

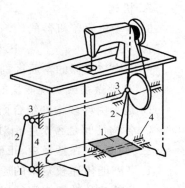

图 4.1　缝纫机

4.1　平面四杆机构的类型及应用

4.1.1　平面四杆机构的定义

若干构件通过低副(转动副或移动副)连接所组成的机构称作连杆机构或低副机构。所有构件均在某一平面内运动或相互平行平面内运动的连杆机构称为平面连杆机构。

由四个构件组成的平面连杆机构称为平面四杆机构。

4.1.2　平面四杆机构的类型及应用

1.铰链四杆机构基本类型

构件间以四个转动副相连的平面四杆机构,称为平面铰链四杆机构,简称铰链四杆机构。

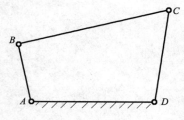

图 4.2　铰链四杆机构

如图 4.2 所示,在此机构中,AD 固定不动,称为机架;AB、CD 两构件与机架组成转动副,称为连架杆;BC 称为连杆。在连架杆中,AB 杆能作整周 360° 回转,称为曲柄;CD 杆只能在一定角度范围内摆动,称为摇杆。

根据机构中有无曲柄,铰链四杆机构又分为三种基本形式:曲柄摇杆机构、双曲柄机构、双摇杆机构。

1)曲柄摇杆机构

两连架杆中一个为曲柄而另一个为摇杆的机构称为曲柄摇杆机构。

当曲柄为原动件时,可将曲柄的连续转动转变为摇杆的往复摆动,如图 4.3 中的雷达天线机构;反之,当摇杆为原动件时,可将摇杆的往复摆动转变为曲柄的整周转动,如图 4.1 所示的缝纫机踏板。

2)双曲柄机构

两连架杆均为曲柄的四杆机构称为双曲柄机构。

双曲柄机构可将原动曲柄的等速转动转换成从动曲柄的等速或变速转动,如图 4.4 所示的惯性筛驱动机构。

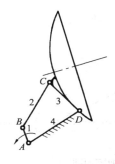

图 4.3 雷达天线调整机构

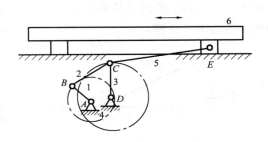

图 4.4 惯性筛驱动机构

当双曲柄机构的相对两杆平行且相等时,则成为平行四边形机构,如图 4.5(a)所示。注意:平行四边形机构在运动过程中,当两曲柄与机架共线时,在原动件转向不变、转速恒定的条件下,从动曲柄会出现运动不确定现象,如图 4.5(b)所示。可以在机构中添加飞轮或使用两组相同机构错位排列来克服此现象。

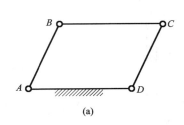

(a)

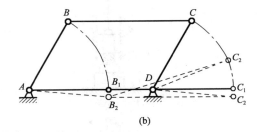

(b)

图 4.5 双曲柄机构

3)双摇杆机构

两连架杆都是摇杆的机构称为双摇杆机构。如图 4.6 所示的鹤式起重机构,可保证货物水平移动。

2.含有移动副的四杆机构

1)曲柄滑块机构

如图 4.7 所示,当曲柄 AB 作整周回转时,滑块左右移动,图(a)所示为偏置曲柄滑块机

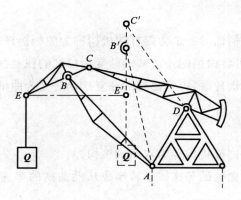

图 4.6 鹤式起重机构

构,图(b)所示为对心曲柄滑块机构。曲柄滑块机构广泛应用于往复式机械中,如图 4.8 为压力机中曲柄滑块机构。

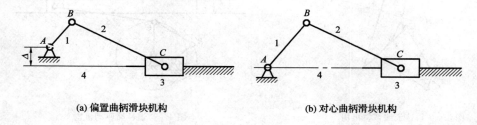

(a) 偏置曲柄滑块机构　　　　　　　(b) 对心曲柄滑块机构

图 4.7 曲柄滑块机构

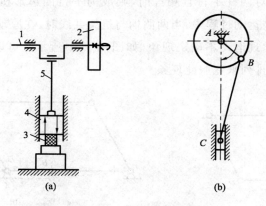

(a)　　　　　　　　(b)

图 4.8 压力机中的曲柄滑块机构

1—曲轴;2—齿轮;3—工件;4—滑块;5—连杆

2)导杆机构

在图 4.9(a)所示的对心曲柄滑块机构中,若改取构件 1 为机架,则机构演化为导杆机构。

在图 4.9(b)中,AB 杆为机架,AC 杆称为导杆。当 AB 杆比 BC 杆短时,BC 杆作整周回转,导杆 AC 也作整周回转,该机构为曲柄转动导杆机构,图 4.10 所示就是该机构在小型

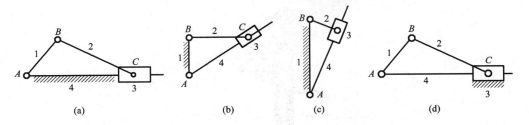

图 4.9　含有一个移动副的四杆机构

刨床中的应用；当 AB 杆比 BC 杆长时，BC 杆作整周回转，导杆 AC 只能绕 A 点摆动，该机构为曲柄摆动导杆机构，图 4.11 所示就是该机构在牛头刨床中的应用。

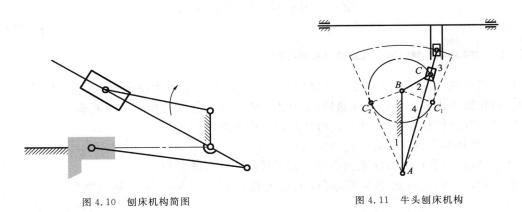

图 4.10　刨床机构简图　　　　　　图 4.11　牛头刨床机构

3）摇块机构

在图 4.12(b)中，以 BC 杆为机架，AC 杆往复直线运动，则块 C 摆动，称为摇块机构。图 4.12(a)所示的自卸卡车翻斗机构就是摇块机构的应用。

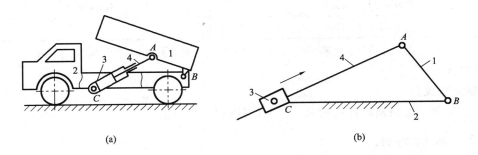

图 4.12　自卸卡车翻斗机构及其运动简图

4）移动导杆机构

在图 4.9(d)中，滑块 C 为机架，AB 杆摆动，AC 杆往复直线运动，称为移动导杆机构。图 4.13 所示的抽水唧筒就是移动导杆机构的应用。

图 4.13　抽水唧筒

4.2　四杆机构的特性

4.2.1　四杆机构存在曲柄的条件

铰链四杆机构的三种基本形式的区别在于它的连架杆是否为曲柄,而且一般原动件为曲柄。而在四杆机构中是否存在曲柄,取决于机构中各构件间的相对尺寸关系。

铰链四杆机构存在曲柄,必须同时满足以下两个条件:

(1)连架杆和机架中必有一杆是最短杆;

(2)最短杆与最长杆长度之和小于或等于其他两杆长度之和。

根据构件间的相对运动关系,可以推论出铰链四杆机构三种类型的判别方法,见表4.1。

表 4.1　　　　　　　　　　　　　铰链四杆机构三种类型的判别

构件间运动关系	机构类型
以最短杆的临边为机架	曲柄摇杆机构
以最短杆的对边为机架	双摇杆机构
以最短杆为机架	双曲柄机构

若最短杆与最长杆长度之和大于其他两杆长度之和,无论取那个构件为机架,都将获得双摇杆机构。

【学习建议】

让学生做一个曲柄摇杆机构和一个双摇杆机构,进行演示。

4.2.2　急回特性

当主动件曲柄等速转动时,从动件摇杆摆回的平均速度大于摆出的平均速度,摇杆的这种运动特性称为急回特性。

1. 曲柄摇杆机构的急回特性

在图4.14所示曲柄摇杆机构中,当曲柄与连杆两次共线时,摇杆位于两个极限位置,简称极位。此两处曲柄之间所夹的锐角 θ 称为极位夹角。

当曲柄由 AB_1 顺时针转到 AB_2 时,摇杆由 C_1D 摆到 C_2D,所用时间 t_1;曲柄由 AB_2 顺时针转到 AB_1 时,摇杆由 C_2D 摆到 C_1D,所用时间 t_2。由于极位夹角存在,曲柄等速运转时

$t_2 > t_1$,使摇杆来回速度不等。只要 $\theta \neq 0°$,θ 越大,急回性质越明显。

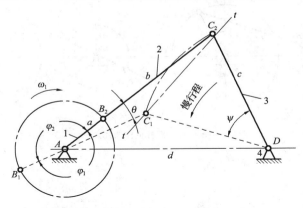

图 4.14　铰链四杆机构的急回特性

2.曲柄滑块机构的急回特性

在图 4.15 中,偏置曲柄滑块机构在曲柄 AB 与连杆 BC 两次共线时,滑块位于两个极限位置,极位夹角 $\theta \neq 0°$,所以机构有急回特性。对心曲柄滑块机构在曲柄 AB 与连杆 BC 两次共线时,滑块位于两个极限位置,极位夹角 $\theta = 0°$,所以机构没有有急回特性。

3.导杆机构的急回特性

在图 4.16 中,曲柄 AB 为主动件,当曲柄 BC 与导杆 AC 处于垂直位置时,机构处于两个极限位置,极位夹角 $\theta \neq 0°$,所以机构有急回特性。

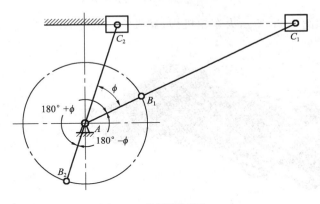

图 4.15　曲柄滑块机构

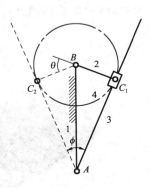

图 4.16　摆动导杆机构

结论:机构的急回特性有利于提高机器的生产率,我们把快速运动作为非工作行程,把慢速运动作为工作行程。

4.四杆机构的死点

摇杆为主动件,如图 4.17 所示。当连杆与曲柄两次共线时,连杆作用于曲柄上 B 点的力与 B 点的速度垂直,此时摇杆上无论加多大驱动力,机构不能运动,此位置称为"死点"。

结论:死点有利也有弊。有利用死点来工作的,如图 4.18 的飞机起落架和图 4.19 的专用夹具就是利用死点工作的。弊处是机构开始运动处于死点位置时,由于没有惯性,机构不动,如缝纫机脚踏机构。

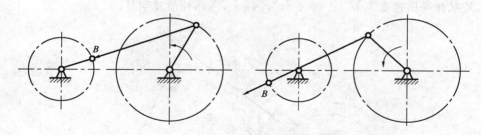

图 4.17 四杆机构的死点

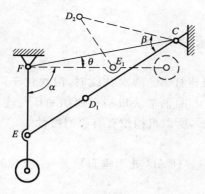

图 4.18 起落架

图 4.19 专用夹具

避免措施：两组机构错开排列，如图 4.20 所示火车轮机构；靠飞轮的惯性（如内然机、缝纫机等）。

图 4.20 火车轮机构

4.3 综合测试

一、填空题

1.平面连杆机构是将_____用_____连接而组成的平面机构。

2.当平面四杆机构中的四个杆件均以转动副连接时，该机构称为_____。滑块四杆机构中，除了转动副连接外，还有_____连接。

3.缝纫机踏板机构采用的是_____机构。

4. 铰链四杆机构一般有_____、_____和_____三种基本形式。

5. 铰链四杆机构中是否存在曲柄,主要取决于机构中各杆件的_____和_____的选择。

6. 铰链四杆机构的急回特性可以节省_____,提高_____。

7. 当曲柄摇杆机构中存在死点位置时,其死点位置有_____个。在死点位置时该机构中_____与_____处于共线状态。

8. 曲柄摇杆机构中,当出现急回运动时,曲柄为_____件,摇杆_____件。

9. 在对心曲柄滑块机构中,若曲柄长为 15 mm,滑块的行程 $H=$_____。

10. 偏心轮机构用于较大_____,且较小_____的剪床、冲床、颚式破碎机等机械中。

二、选择题

1. 铰链四杆机构中,最短杆件与最长杆件长度之和小于或等于其余两杆件的长度之和时,机构中一定有(　　)。

A. 曲柄　　　　　　　　B. 摇杆　　　　　　　　C. 连杆

2. 铰链四杆机构中,不与机架直接连接,且作平面运动的杆件称为(　　)。

A. 摇杆　　　　　　　　B. 连架杆　　　　　　　C. 连杆

3. 曲柄摇杆机构中,曲柄作等速转动时,摇杆摆动时空回行程的平均速度大于工作行程的平均速度,这种性质(　　)。

A. 称为死点位置

B. 称为机构的运动不确定性

C. 称为机构的急回特性

4. 当曲柄摇杆机构出现死点位置时,可在从动曲柄上(　　)使其顺利通过死点位置。

A. 加设飞轮　　　　　　B. 减少阻力　　　　　　C. 加大主动力

5. 在铰链四杆机构中,能相对机架作整周旋转的连架杆为(　　)。

A. 连杆　　　　　　　　B. 摇杆　　　　　　　　C. 曲柄

6. 汽车窗雨刷采用的是(　　)机构。

A. 双曲柄　　　　　　　B. 曲柄摇杆　　　　　　C. 双摇杆

7. 雷达天线俯仰角摆动机构采用的是(　　)机构。

A. 双摇杆　　　　　　　B. 曲柄摇杆　　　　　　C. 双曲柄

三、判断题(在括号中,正确画"√",错误画"×")

1. 平面连杆机构能实现较为复杂的平面运动。　　　　　　　　　　　　　(　　)

2. 铰链四杆机构中,其中有一杆必为连杆。　　　　　　　　　　　　　　(　　)

3. 平面连杆机构是用若干构件以低副连接而成的。　　　　　　　　　　　(　　)

4. 铰链四杆机构中,能绕铰链中心作整周旋转的杆件是摇杆。　　　　　　(　　)

5. 常把曲柄摇杆机构中的曲柄和连杆称为连架杆。　　　　　　　　　　　(　　)

6. 铰链四杆机构中,最短杆件就是曲柄。　　　　　　　　　　　　　　　(　　)

7. 在铰链四杆机构的三种基本形式中,最长杆件与最短杆件的长度之和必定小于其余两杆件长度之和。　　　　　　　　　　　　　　　　　　　　　　　　　(　　)

8. 曲柄摇杆机构中,极位夹角 θ 越大,机构的急回程度越大。　　　　　　(　　)

9.在实际生产中,机构的死点位置对工作都是有益的。 （　　）

10.各种双曲柄机构中都存在死点位置。 （　　）

11.实际生产中,常利用急回运动这个特性来节省非工作时间,提高生产效率。 （　　）

12.牛头刨床中刀具的退刀速度大于其切削速度,就是应用了急回特性。 （　　）

四、简答题

1.铰链四杆机构基本类型有哪些？试找出在生产或生活中应用的实例。

2.含有移动副的四杆机构类型有哪些？试找出在生产或生活中应用的实例。

3.举例说明机构死点有利和有害的一面。

4.什么是平面连杆机构？有哪些特点？常用于什么地方？

5.什么是急回特性？在生产中有何用途？

项目五

凸轮机构及其他常用机构

【实际问题】

图 5.1 为一送料机构,人们会问:它是怎样实现送料的?

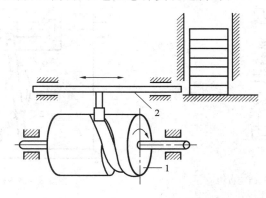

图 5.1　送料机构

【学习目标】

(1)掌握凸轮机构、棘轮机构、槽轮机构工作原理及应用。

(2)了解从动件常用运动规律及其应用。

【教学内容】

5.1　凸轮机构

5.1.1　凸轮机构的组成及应用

1.凸轮机构的组成

1)组成

如图 5.1 所示,件 1 称为凸轮,作等速转动,推动从动件 2 往复移动,因此凸轮机构是由凸轮、从动件和机架三个部分所组成的高副机构。

2)运动特点

凸轮机构可以将主动件凸轮的等速转动变换为从动件的往复直线运动或绕某定点的摆动,并依靠凸轮轮廓曲线准确地实现所要求的运动规律。

3)凸轮机构优缺点

优点:只要正确地设计凸轮轮廓曲线,就可以使从动件实现任意给定的运动规律,且结构简单、紧凑、工作可靠。

缺点:凸轮与从动件之间为点或线接触,不易润滑,容易磨损。因此,凸轮机构多用于传力不大的控制机构和调节机构。

2.凸轮机构的应用

图 5.2 为内燃机配气凸轮机构。其中构件 3 为机架,当主动件 1 凸轮回转时,使得气门杆 2 按照一定的要求作上下往复运动,控制气门的开启与关闭。

图 5.3 为绕线机凸轮机构。当主动件 1 凸轮回转时,带动从动件 2(绕线杆)往复摆动,将线绕在等速转动的轴 3 上。

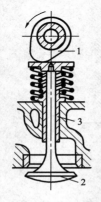

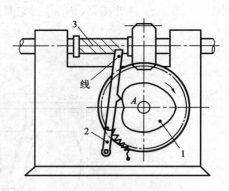

图 5.2　内燃机配气凸轮机构　　　　　　　图 5.3　绕线机凸轮机构

5.1.2　凸轮机构的分类

1.按凸轮的形状分

1)盘形凸轮

如图 5.2 所示,这种凸轮是一个径向尺寸变化的盘形构件,当凸轮 1 绕固定轴转动时,可使从动件 2 在垂直于凸轮轴的平面内运动。

2)移动凸轮

当盘形凸轮的径向尺寸变得无穷大时,其转轴也将在无穷远处,这时凸轮将作直线移动,通常称这种凸轮为移动凸轮,如图 5.4 所示。

3)圆柱凸轮

凸轮为一圆柱体,它可以看成是由移动凸轮卷曲而成的。曲线轮廓可以开在圆柱体的端面也可以在圆柱面上开出曲线凹槽,如图 5.1 所示为一圆柱凸轮组成的送料机构。

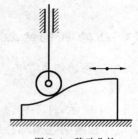

图 5.4　移动凸轮

2.按从动件的运动形式和端部形状分

有直动从动件和摆动从动件,如图 5.5 所示。根据从动件端部形状不同将其分为:

1) 尖顶从动件

如图 5.5(a)所示。结构最简单,而且尖顶能与较复杂形状的凸轮轮廓相接触,从而能实现较复杂的运动。但因尖顶极易磨损,故只适用于轻载、低速的凸轮机构和仪表中。

2) 滚子从动件

如图 5.5(b)所示。在从动件的一端装有一个可自由转动的滚子。由于滚子与凸轮轮廓之间为滚动摩擦,故磨损较小,改善了工作条件。因此,可用来传递较大的动力,应用也最广泛。

3) 平底从动件

如图 5.5(c)所示,从动件一端做成平底(即平面),在凸轮轮廓与从动件底面之间易于形成油膜,故润滑条件较好、磨损小。当不计摩擦时,凸轮对从动件的作用力始终与平底垂直,传力性能较好,传动效率较高,所以常用于高速凸轮机构中。

但由于从动件为一平底,故不适用于带有内凹轮廓的凸轮机构。

将不同形式从动件和凸轮组合起来,就可得到不同类型凸轮机构。如图 5.2 所示机构称为对心平底直动从动件盘形凸轮机构。图 5.1 所示机构称为移动从动件圆柱凸轮机构。

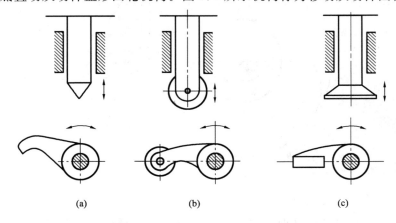

(a)　　　　　　　(b)　　　　　　　(c)

图 5.5　尖顶从动件、滚子从动件及平底从动件

5.1.3　凸轮和滚子材料

凸轮机构的主要失效形式为磨损和疲劳点蚀,这就要求凸轮和滚子的工作表面硬度高、耐磨,对于经常受到冲击的凸轮机构还要求凸轮芯部有较强的韧性。

一般凸轮的材料常采用 40Cr(经表面淬火,硬度为 40～45 HRC),也可采用 20Cr、20CrMnTi(经表面渗碳淬火,硬度为 56～62 HRC)。

滚子材料可采用 20Cr(经渗碳淬火,硬度为 56～62 HRC),也有的用滚动轴承作为滚子。

5.1.4　从动件常用运动规律

从动件的运动规律是指从动件的位移、速度、加速度随凸轮转角 ϕ 或时间 t 变化的规律。

图 5.6(a)为对心尖底直动从动件盘形凸轮机构。以凸轮工作轮廓的最小向径 r_b 为半径所作的圆称为凸轮的基圆。当从动件的尖顶与凸轮工作轮廓上的 A 点接触时,从动件处于上升的起始位置。当凸轮逆时针转过角 ϕ_0 时,从动件尖顶被推到距凸轮转动中心 O 最远的位置 B,这个过程称为推程运动。推程中从动件推杆移动的距离 h 称为从动件的行程,凸轮所转过的角度 ϕ_0 称为推程角。凸轮继续转过 ϕ_s 时,从动件在最远处静止不动,ϕ_s 称为远休止角。凸轮再转过 ϕ_h 时,从动件又由最远位置回到起始位置,这个过程称为回程,ϕ_h 称为回程运动角。最后,当凸轮继续转过 ϕ'_s 时,从动件静止不动,ϕ'_s 称为近休止角,凸轮回转一周完成一个升—停—降—停的工作循环。凸轮机构远停程和近停程可以没有,但必须有推程和回程。

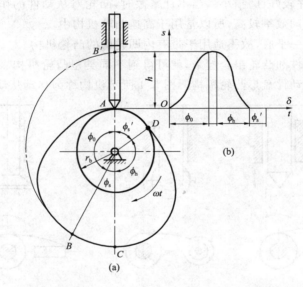

图 5.6　凸轮机构

凸轮推程和回程段的轮廓曲线决定于从动件的运动规律。从动件的常用运动规律很多,其特性及适用范围如表 5.1 所示,举例如下:

1. 等速运动运动规律

凸轮以等角速度回转,从动件在推程或回程的速度为一常数,这种运动规律为等速运动规律。由于从动件在运动开始和终止时速度有突变(由零变为有限值),加速度瞬时无穷大,则有很大的冲击,这种冲击称为刚性冲击。只适用于低速、轻载。

2. 等加速度、等减速度运动规律

凸轮以等角速度回转,从动件在推程或回程中,先一半作等加速度运动,后一半作等减速运动,这种运动规律称为等加速等减速运动规律。从动件在行程开始和结束时,加速度发生有限突变。从动件因此产生有限的冲击,这种冲击称为柔性冲击。与等速运动规律相比冲击的程度大为减小,故多用于中速、轻载的场合。

此外还有余弦加速度运动规律、正弦加速度运动规律等。正弦加速度运动规律没有冲击。

表 5.1　　　　　　　　　从动件常用运动规律特性及适用范围

运动规律	冲击	适用范围
等速运动	刚性	低速、轻载
等加速等减速运动	柔性	中速、轻载
余弦加速度运动	柔性	中速、中载
正弦加速度运动	无	高速、轻载

5.2　棘轮机构

5.2.1　棘轮机构的组成和类型

1. 棘轮机构的组成及工作原理

棘轮机构由棘轮、棘爪、摇杆及机架组成,如图 5.7(a)所示。曲柄摇杆机构将曲柄的连续转动转换成摇杆的往复摆动;当摇杆 4 顺时针摆动时,装在摇杆 4 上的主动棘爪 2 啮入棘轮 1 的齿槽中,从而推动棘轮顺时针转动;当摇杆逆时针摆动时,主动棘爪 2 在棘轮的齿背上滑过,此时,棘轮 1 在止回爪 5 的作用下停止不动,扭簧 3 的作用是将棘爪 2 贴紧在棘轮 1 上。在摇杆 4 作往复摆动时,棘轮 1 作单向间歇运动,其运动简图如图 5.7(b)所示。

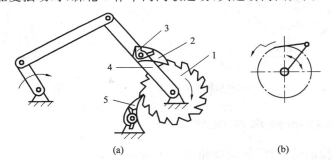

图 5.7　棘轮机构及其运动简图

2. 棘轮机构的类型

棘轮机构按工作原理可分为齿式棘轮机构和摩擦式棘轮机构两大类。齿式棘轮机构有外啮合、内啮合两种形式。按棘轮齿形分,可分为锯齿形齿(用于实现单向转动的棘轮机构)和矩形齿(用于实现双向转动的棘轮机构)两种。图 5.8 所示为内啮合锯齿形齿棘轮机构在自行车后链轮的应用。1 为链轮(带有内棘齿),2 为棘爪,3 为后车轮,棘爪一端与后轮固定连接,另一端插入 1 的内棘齿中,当链轮转动时,通过棘爪与棘轮的啮合,带动 3 一起转动;当链轮不转动时,3 继续转动,此时棘爪在棘轮的齿背滑过。

图 5.9 所示为控制牛头刨床工作台进与退的棘轮机构,棘轮齿为矩形齿,棘轮 2 可用作实现双向间歇转动。需变向时,只要提起棘爪 1,并将棘爪转动 180°后再放下就可以了。变向也可用图 5.10 所示转动棘爪来实现,其棘爪 1 设有对称爪端,通过转动棘爪 1,棘轮 2 即可实现反向的间歇运动。

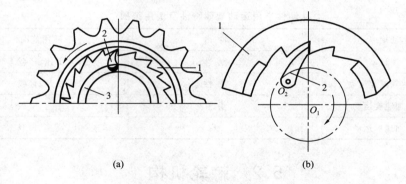

(a)　　　　　　　　　(b)

图 5.8　锯齿形齿棘轮机构

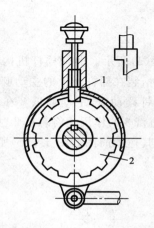

图 5.9　控制牛头刨床工作台进与退的棘轮机构

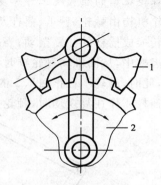

图 5.10　转动棘爪

5.2.2　棘轮机构的特点及应用

有齿的棘轮机构运动可靠，从动棘轮容易实现有级调节，但是有噪声、冲击，轮齿易磨损，高速时尤其严重，常用于低速、轻载的间歇传动。

如牛头刨床的横向进给机构、计数器；起重机、绞盘常用棘轮机构使提升的重物能停在任何位置，以防止由于停电等原因造成事故。

5.3　槽轮机构

5.3.1　槽轮机构的组成及工作原理

槽轮机构如图 5.11 所示。它是由槽轮 2、带有圆柱销的拨盘 1 和机架组成。当拨盘 1 作匀速转动时，驱使槽轮 2 作间歇运动。当圆柱销进入槽轮槽时，拨盘上的圆柱销将带动槽轮转动。拨盘转过一定角度后，圆柱销将从槽中退出。为了保证圆柱销下一次能正确地进入槽内，必须采用锁止弧将槽轮锁住不动，直到下一个圆柱销进入槽后才放开，这时槽轮又可随拨盘一起转动，即进入下一个运动循环。

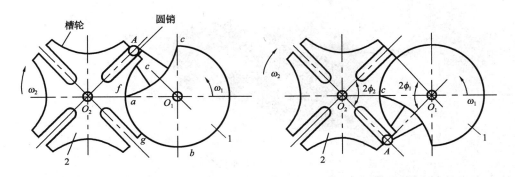

图 5.11 槽轮机构

5.3.2 槽轮机构的特点和应用

优点：结构简单，工作可靠，能准确控制转动的角度。常用于要求恒定旋转角度的分度机构中。

缺点：对一个已定的槽轮机构来说，其转角不能调节；在转动始、末加速度变化较大，有冲击。

应用：应用在转速不高，要求间歇转动的装置中。如图 5.12 所示为六角车床刀架的转位槽轮机构，拨盘 2 转动一周驱使槽轮（刀架）1 转动 60°。电影放映机卷片机构中，用以间歇地移动影片。

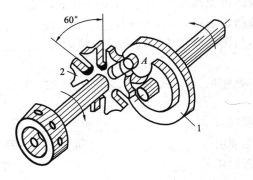

图 5.12 六角车床刀架的转位槽轮机构

5.4 不完全齿轮机构

5.4.1 不完全齿轮机构的组成

不完全齿轮机构是由普通齿轮机构演变而得的一种间歇运动机构，如图 5.13 所示。不完全齿轮机构的主动轮的轮齿不是布满在整个圆周上，而只有一个或几个齿，并根据运动时间与停歇时间的要求，在从动轮上加工出与主动轮相啮合的齿。

不完全齿轮机构设计灵活、从动轮的运动角范围大，很容易实现一个周期中的多次动、停时间不等的间歇运动。但加工复杂；在进入和退出啮合时速度有突变，引起刚性冲击，不宜用于高速转动；主、从动轮不能互换。

图 5.13 不完全齿轮机构

不完全齿轮机构同齿轮啮合相同,可分为外啮合、内啮合及不完全齿轮齿条机构。

5.4.2 不完全齿轮机构的特点和应用

从动轮每转一周的停歇时间、运动时间及每次转动的角度变化范围都较大,设计较灵活;但加工工艺复杂,从动轮在运动开始,终了时冲击较大,故一般用于低速、轻载场合。

5.5 综合测试

一、填空题

1.凸轮机构主要由_____、_____和_____三个基本构件所组成。

2.在凸轮机构中,通过改变凸轮_____,使从动件实现设计要求的运动。

3.在凸轮机构中,按凸轮形状分类,凸轮有_____、_____和_____三种。

4.凸轮机构工作时,凸轮轮廓与从动件之间必须始终_____,否则,凸轮机构就不能正常工作。

5.凸轮机构中,从动件的运动规律是多种多样的,生产中常用的有_____和_____等。

6.间歇机构的常见类型有_____、_____和_____等。

7.常用的棘轮机构主要由_____、_____、和_____等组成。

8.槽轮机构主要由带圆销的_____、_____和_____组成。

9.在不完全齿轮机构中,主动轮作_____转动,从动轮作_____运动。

二、选择题

1.凸轮机构中,主动件通常作( )。

A.等速转动或移动　　　　　　B.变速转动　　　　　　C.变速移动

2.凸轮与从动件接触处的运动副属于( )。

A.高副　　　　　　B.转动副　　　　　　C.移动副

3.凸轮机构中,从动件构造最简单的是( )。

A.平底从动件　　　　　　B.滚子从动件　　　　　　C.尖顶从动件

4.凸轮机构中,( )常用于高速传动。

A.滚子从动件　　　　　　B.平底从动件　　　　　　C.尖顶从动件

5.凸轮机构主要由( )和从动件组成。

A.曲柄　　　　　　B.摇杆　　　　　　C.凸轮

6.从动件作等加速等减速运动的凸轮机构(　　)。

A.存在刚性冲击　　　　　　　B.存在柔性冲击　　　　　C.没有冲击

7.从动件作等速运动规律的凸轮机构,一般适用于(　　)。

A.低速　　　　　　　　　　　B.中速　　　　　　　　　　C.高速

8.自行车后轴上的飞轮实际上就是一个(　　)机构。

A.棘轮　　　　　　　　　　　B.槽轮　　　　　　　　　　C.不完全齿轮

9.在双圆销外槽轮机构中,曲柄每旋转一周,槽轮运动(　　)次。

A.1　　　　　　　　　　　　B.2　　　　　　　　　　　　C.4

10.电影放映机的卷片装置采用的是(　　)机构。

A.不完全齿轮　　　　　　　　B.棘轮　　　　　　　　　　C.槽轮

11.六角车床刀具转位机构主要功能是采用(　　)机构来实现转位的。

A.槽轮　　　　　　　　　　　B.棘轮　　　　　　　　　　C.齿轮

三、判断题(在括号中,正确画"√",错误画"×")

1.凸轮机构中,从动件作等速运动规律的原因是凸轮作等速转动。　　　　　　　(　　)

2.凸轮机构中,从动件作等加速等减速运动规律,是指从动件上升时作等加速运动,而下降时作等减速运动。　　　　　　　　　　　　　　　　　　　　　　　　　(　　)

3.凸轮机构产生的柔性冲击不会对机器产生破坏。　　　　　　　　　　　　　(　　)

4.凸轮机构从动件的运动规律可按要求任意拟定。　　　　　　　　　　　　　(　　)

5.在凸轮机构中,凸轮作主动件。　　　　　　　　　　　　　　　　　　　　(　　)

6.凸轮机构广泛用于机械自动控制。　　　　　　　　　　　　　　　　　　　(　　)

7.移动凸轮相对机架作直线往复移动。　　　　　　　　　　　　　　　　　　(　　)

8.棘轮机构中的棘轮是具有齿形表面的轮子。　　　　　　　　　　　　　　　(　　)

9.棘爪往复一次,推过的棘轮齿数与棘轮的转角大小无关。　　　　　　　　　(　　)

10.在应用棘轮机构时,通常应有止回棘爪。　　　　　　　　　　　　　　　　(　　)

11.槽轮机构中,槽轮是主动件。　　　　　　　　　　　　　　　　　　　　　(　　)

12.棘轮机构可以实现间歇运动。　　　　　　　　　　　　　　　　　　　　　(　　)

四、简答题

1.自行车后轴上的飞轮机构采用的是什么机构?分析其作用。

2.在转动轴线互相平行的两构件中,主动件作往复摆动,从动件作单向间歇转动,要求主动件每往复一次,从动件转动1/4周,试问可采用什么机构?画出机构示意图。

项目六

带传动与链传动

【实际问题】

图 6.1 所示为一链传动机构,图 6.2 所示为一带传动机构。它们是怎样运动的?有哪些类型?在什么地方应用?

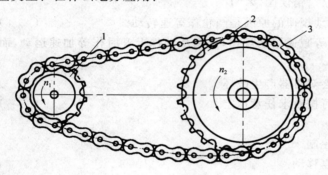

图 6.1 链传动机构

1、2—链轮;3—环形链条

图 6.2 啮合型(同步带)带传动机构

【学习目标】

(1)理解摩擦型带传动的工作原理,掌握其应用。

(2)了解 V 带的结构、标准。

(3)具有初步安装、调试、维护带传动的能力。

(4)了解链传动的工作原理及应用。

【教学内容】

6.1 带传动

6.1.1 带传动的组成及工作原理

如图 6.3 所示,带传动一般是由主动轮 1、从动轮 2、紧套在两轮上的环形带 3 及机架 4 组成。

安装时带被张紧在带轮上,产生的初拉力 F_0 使得带与带轮之间产生压紧力。当主动轮 1 转动时,依靠带与带轮之间摩擦力作用,使从动轮 2 一起同向回转,从而实现运动和动力的传递。

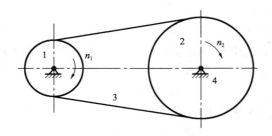

图 6.3 带传动

6.1.2 带传动的类型、特点及应用

1. 带传动的类型

根据工作原理不同,带传动分为摩擦型带传动和啮合型带传动(图 6.2)。

摩擦型带又分为:

1)平型

如图 6.4(a)所示,平带的截面形状为矩形,内表面为工作面。

2)V 形带

如图 6.4(b)所示,V 带的截面形状为梯形,两侧面为工作面。传动时 V 带与轮槽两侧面接触,底面有间隙,在同样张紧力作用下,V 带的摩擦力比平带大,传递功率也较大,且结构紧凑。

3)多楔带

如图 6.4(c)所示,它是在平带基础上由多根 V 带组成的传动带。多楔带结构紧凑,可传递很大的功率。

4)圆形带

如图 6.4(d)所示,带的横截面为圆形,只用于小功率传动。

5)普通 V 带

普通 V 带是应用最广泛的一种传动带,其传动功率大,结构简单,价格便宜。由于带与带轮槽之间是 V 形槽面摩擦,故可以产生比平型带更大的有效拉力(约 3 倍)。

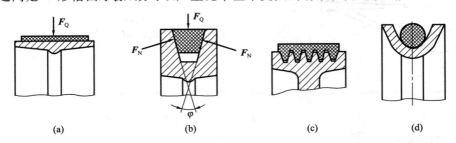

(a) (b) (c) (d)

图 6.4 带的截面形状

2. 带传动的特点及应用

带传动的优点是适用于中心距较大的传动;带具有良好的挠性,可缓和冲击、吸收振动;过载时带与带轮之间会出现打滑,避免了其他零件的损坏;结构简单、成本低廉。缺点是传动的外廓尺寸较大;需要张紧装置;由于带的弹性滑动,不能保证固定不变的传动比;带的寿

命较短;传动效率较低。

一般情况下,带传动的传动功率 $P \leqslant 100$ kW,带速 $v=5 \sim 25$ m/s,平均传动比 $i \leqslant 5$,传动效率为 $94\% \sim 97\%$。高速带传动的带速 $v=60 \sim 100$ m/s,平均传动比 $i \leqslant 7$。同步齿形带传动功率可达 200 kW,带速 $v=40 \sim 50$ m/s,平均传动比 $i \leqslant 10$,传动效率为 $98\% \sim 99\%$。

3. 带传动的形式

带传动的主要形式及各种形式对各带型的适用性如表 6.1 所示。

表 6.1 带传动的主要形式及应用

传动形式	简图	允许带速 $v/$ $(\text{m} \cdot \text{s}^{-1})$	传动比 i	安装条件	工作特点	V带		平带			特殊带		
						普通V带	窄V带	胶帆布平带	锦纶片复合平带	高速环形带	多楔带	圆形带	同步带
开口传动		25~50	≤5	两轮轮宽对称面应重合	平行轴、双向、同旋向传动	√	√	√	√	√	√	√	√
交叉传动		15	≤6		平行轴、双向、反旋向传动,交叉处有摩擦,中心距大于 20 倍带宽	×	×	√	○	×	×	√	×
半交叉传动		15	≤3	一轮宽对称面通过另一轮带的绕出点	交错轴、单向传动	○	○	√	√	×	×	√	×
有张紧轮的平行轴传动		25~50	≤10		平行轴、单向、同旋向传动,用于 i 大、a 小的场合	√	√	√	√	√	√	√	√

（续表）

传动形式	简图	允许带速 v/(m·s⁻¹)	传动比 i	安装条件	工作特点	V带		平带			特殊带		
						普通V带	窄V带	胶帆布平带	锦纶片复合平带	高速环形带	多楔带	圆形带	同步带
有导轮的相交传动		15	≤4	两轮轮宽对称面应与导轮圆柱面相切	交错轴、双向传动	×	×	√	○	×	×	√	×
多从动轮传动		25	≤6	各轮宽对称面重合	带的曲挠次数多、寿命短	√	√	√	○	√	√	√	√

注：√—适用，○—可用，×—不可用。

6.1.3　V带及V带轮

1.V带的结构和标准

V带有普通V带、窄V带、齿形V带、联组V带、大楔角V带、宽V带等多种类型,其中普通V带应用最广,本节主要讨论普通V带。

标准V带都制成无接头的环形带,其横截面结构如图6.5所示。V带由顶胶、抗拉体、底胶和包布组成。抗拉体的结构形式有帘布结构和线绳结构两种,分别如图6.5(a)和图6.5(b)所示。

带所受的拉力主要由线绳和帘布承受。帘布结构抗拉强度高,但柔韧性及抗弯曲强度不如线绳好。线绳结构V带适用于转速高、带轮直径较小的场合。

图 6.5　V带的结构

普通V带的尺寸已标准化,按截面尺寸由小到大的顺序分为Y、Z、A、B、C、D、E七种型号,见表6.2。在同样条件下,截面尺寸大则传递功率大。V带绕在带轮上产生弯曲,外层受拉伸变长,内层受压缩变短,由拉伸到压缩中间一定存在一长度不变的中性层。中性层面称为节面,节面的宽度称为节宽 b_p。V带装在带轮上,和节宽 b_p 相对应的带轮直径称为基准直径,用 d_d 表示。带轮的直径指基准直径,其值已标准化。位于带轮基准直径上的周线

长度称为基准长度 L_d,已标准化。

表 6.2   普通 V 带横截面尺寸

型 号	Y	Z	A	B	C	D	E
顶宽 b/mm	6	10	13	17	22	32	38
节宽 b_p/mm	5.3	8.5	11	14	19	27	32
高度 h/mm	4.0	6.0	8.0	11	14	19	25
楔角 φ/°				40			
每米质量 q/(kg/m)	0.04	0.06	0.10	0.17	0.30	0.60	0.87

2.V 带的标记

V 带的标记通常压印在 V 带外表面上。

标记示例:带型为 A 型、基准长度 L_d＝1400 mm 的普通 V 带,标记为:

A1400 GB/T 11544—97。

3.V 带轮的材料和结构

1)带轮的材料

带轮的材料常采用铸铁、钢、铝合金等,灰铸铁应用最广。当带速 $v \leqslant 25$ m/s 时,采用 HT150;当带速 $v＝25\sim30$ m/s 时,采用 HT200;当 $v \geqslant 30\sim45$ m/s 时,则应采用球墨铸铁、铸钢或锻钢,也可采用钢板冲压后焊接带轮。小功率传动时可用铸铝或塑料。

2)带轮的结构与尺寸

V 带轮轮槽结构如图 6.6 所示。各种型号的 V 带楔角 φ 均为 40°,但 V 带在带轮上弯曲时,由于截面变形,φ 变小。当 V 带截型相同时,带轮直径越小,φ 变得越小。为保证带与带轮槽两侧工作面紧贴,标准规定 V 带轮轮槽角$<\varphi$,其值根据带轮基准直径 d_d 的大小分别为 32°、34°、36°、38°。

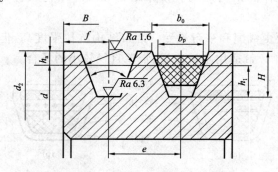

图 6.6   V 带轮轮槽结构

带轮的常用结构有实心式、腹板式、孔板式和轮辐式四种,部分如图 6.7 所示。一般基准直径小时采用实心式,基准直径大于 350 mm 采用轮辐式。

4.带传动的主要参数

1)V 带的截面尺寸

V 带的截面尺寸见表 6.2。

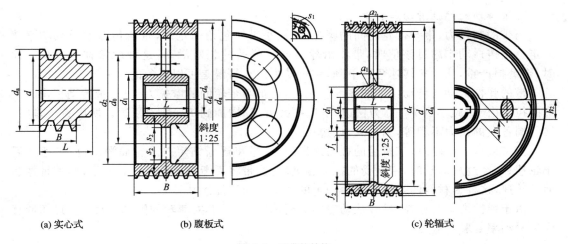

(a) 实心式　　　　　　　(b) 腹板式　　　　　　　　　　(c) 轮辐式

图 6.7　V 带轮结构

2）V 带带轮的基准直径 d_d

带轮的基准直径 d_d 的数值已标准化,应按国家标准选用。带轮的基准直径越小,传动时带在带轮上的弯曲变形越严重,带的弯曲应力越大,容易断裂,从而降低带的使用寿命。为了延长带的使用寿命,对各型号的普通 V 带带轮基准直径都规定有最小值 d_{dmin},防止带弯曲过大,见表 6.3。

表 6.3　　　　　　　　　　　　带轮最小基准直径　　　　　　　　　　　　　　mm

带　型	Y	Z	A	B	C	D	E
d_{dmin}	20	50	75	125	200	355	500

注:V 带带轮的基准直径 20,22.4,25,28,31.5,35.5,40,45,50,56,63,67,71,75,80,85,90,95,100,106,112,118,125,132,140,150,160,170,180,200,212,224,236,250,265,280,300,315,355 等。

3）小带轮的包角

包角是带与带轮接触弧所对应的圆心角,如图 6.8 所示。包角的大小反映带与带轮表面间接触弧的长短,带与带轮表面间接触弧越长,带所能传递的功率越大,为使带传动可靠,一般要求小带轮的包角 $\geqslant 120°$。

4）中心距 a

中心距是两带轮传动中心之间的距离。两带轮中心距越大,使带传动能力提高;但中心距过大,又会使整个传动尺寸加大,在高速时易使带发生振动,反而使传动能力下降。因此,中心距一般在 $0.7(d_{d1}+d_{d2})\sim 2(d_{d1}+d_{d2})$ 范围内。

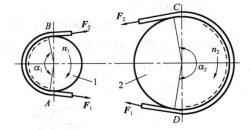

图 6.8　带传动的弹性滑动

5）带速 v

带速 v 一般取 $5\sim 25$ m/s。带速过低容易打滑;带速过高,离心力使带与带轮间的压紧程度减小,摩擦力减小,容易打滑。

6）带的根数 Z

带的根数应取整数。为使各带受力均匀,应满足 $Z \leqslant 10$。

5.带传动的弹性滑动和打滑

当带的初拉力、带与带轮之间的摩擦因数、小带轮包角一定时,带所传递的最大功率就一定。当传递功率超过该值时,带将沿轮面产生显著的相对滑动,这种现象称为打滑。此时,带磨损严重,从动轮转速急剧下降,带传动失效。打滑是可以避免的。

带的弹性滑动与传动比如图6.8所示,由于带与带轮间的摩擦力作用,带传动工作时上边的拉力由 F_0 减小到 F_2,称为松边;下边拉力由 F_0 增加到 F_1,称为紧边。所以带工作时,转一周各点的拉力不相等,紧边大,松边小。

当带绕过主动轮时,带所受的拉力逐渐减小,带将逐渐缩短并沿轮面滑动,使带速落后于轮速;带经过从动轮时,带所受的拉力逐渐增大,带将逐渐被拉长并沿轮面滑动,使带速超前于轮速,这种因材料的弹性变形而产生的滑动称为弹性滑动。

由于弹性滑动的存在,导致从动轮的圆周速度 v_2 低于主动轮的圆周速度 v_1,其降低程度用滑动率 ε 来表示

$$\varepsilon = \frac{v_1 - v_2}{v_1} \times 100\%$$

考虑弹性滑动影响,带传动的传动比

$$i = \frac{n_1}{n_2} = \frac{d_2}{d_1(1-\varepsilon)}$$

弹性滑动是引起带传动传动比不恒定的原因。弹性滑动是因带两边的拉力差使带两边的弹性变形不等所引起,是不可避免的。

6.1.4 V带传动的张紧、使用与维护

1.带传动的张紧方法

带在安装时是以一定的初拉力 F_0 紧套在带轮上的,经过一定时间运转后,会因为塑性变形和磨损而松弛,影响正常工作。因此,需要定期张紧,已恢复和保持必需的张紧力。常用的张紧方式可分为调整中心距与张紧轮方式两类。

1)调整中心距

(1)定期张紧:定期调整中心距以恢复张紧力。常用的有两种:滑道式,如图6.9(a)所示;摆架式,如图6.9(b)所示。一般通过调整螺钉调节中心距。滑道式适用于水平传动或倾斜不大的传动场合。

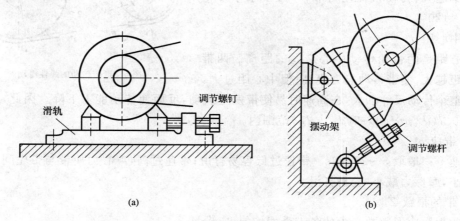

(a)   (b)

图6.9 调整中心距

（2）自动张紧：将装有带轮的电动机安装在浮动的摆架上，利用电机的自重张紧传动带，通过载荷的大小自动调节张紧力，如图6.10所示。

图6.10　自动张紧

2）采用张紧轮

如图6.11所示，若带传动的轴间距不可调整时，可采用张紧轮装置。张紧轮一般设置在松边的内侧且靠近大带轮处。如设置在外侧时，则应使其靠近小轮，这样可以增加小带轮的包角。

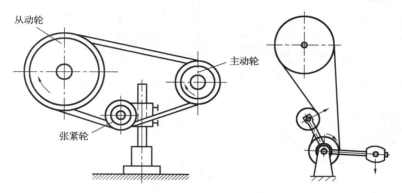

图6.11　张紧轮张紧

2.V带传动的使用与维护

（1）为便于装拆无接头的环形V带，带轮宜悬臂装于轴端；在水平或接近水平的同向传动中，一般应使带的紧边在下，松边在上，以便借带的自重加大带轮包角。

（2）安装时两带轮轴线必须平行，轮槽应对正，以避免带扭曲和磨损加剧。

（3）安装时应缩小中心距，松开张紧轮，将带套入槽中后再调整到合适的张紧程度。不要将带强行撬入，以免带被损坏。

（4）多根V带传动时，为避免受载不匀，应采用配组带。若其中一根带松弛或损坏，应全部同时更换，以免加速新带破坏。

（5）带避免与酸、碱、油类等接触，也不宜在阳光下曝晒，以免老化变质。

（6）带传动应装设防护罩，并保证通风良好和运转时带不擦碰防护罩。

6.2　链传动

6.2.1　链传动的组成及工作原理

如图6.1所示，链传动由链轮1和2、环形链条3、机架组成。通过链条的链节与链轮上的轮齿相啮合传递平行轴之间的同向转动和动力。

6.2.2　链传动的类型、特点及应用

1.链传动的类型

按用途分类有：传动链、输送链、起重链。传动链主要用于一般机械中传递运动和动力，

也可用于输送等场合;输送链用于输送工件、物品和材料,可直接用于各种机械上;起重链主要用于传递力,起牵引、悬挂物体的作用,兼作缓慢运动。传动链又可分为滚子链(图 6.12)和齿形链(图 6.13)。

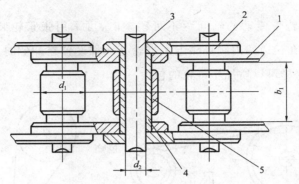

图 6.12 滚子链

1—内链板;2—外链板;3—套筒;4—销轴;5—滚子

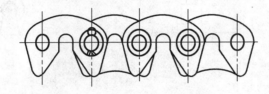

图 6.13 齿形链

2. 链传动的特点及应用

1)链传动的特点

(1)和带传动相比没有弹性滑动和打滑,能保持准确的平均传动比,一般控制在 $i \leqslant 8$,低速时可达 10;比带传递的功率大,传递功率 $P \leqslant 100$ kW;轮廓尺寸小。

(2)与齿轮传动相比,可在中心距较大情况下传动,一般中心距 $a \leqslant 5 \sim 6$ m,最大可达 10 m.

(3)能在低速、重载、高温、有油污等恶劣环境下工作。

(4)制造和安装精度较低,中心距较大时其传动结构简单。

(5)瞬时转速和瞬时传动比不是常数,传动的平稳性较差,有一定的冲击和噪声。

2)链传动的应用

链传动广泛应用于矿山机械、农业机械、石油机械、机床及摩托车中。

6.2.3 链及链轮

1. 链组成

如图 6.12 所示,滚子链由内链板 1、外链板 2、套筒 3、销轴 4、滚子 5 组成。内链板与套筒、外链板与销轴间均为过盈配合;套筒与销轴、滚子与套筒间均为间隙配合。内、外链板交错连接而构成铰链。

如图 6.13 所示,齿形链是由许多齿形链板用铰链连接而成。

2. 链条材料

材料是碳素钢或合金钢,经热处理,以提高强度和耐磨性。

3.链条的主要参数

节距:滚子链上相邻两滚子中心的距离称为节距,以符号 p 表示。p 越大,链条各零件尺寸越大,所能传递的功率也越大,传动的振动、冲击和噪声也越严重。因此,应用时尽可能选用小节距的链,高速、功率大时,可选用小节距的双排链或多排链。

滚子链的承载能力和排数成正比,但排数越多,各排受力越不均匀,所以排数不能过多,常用双排链和三排链。滚子链已标准化,分为 A、B 两个系列,常用的是 A 系列。

链节数:链条长度以链节数表示。链节数最好取偶数,以便链条连成环形时正好是外链板与内链板相接,如图 6.14(a)、(b)所示;若链节数为奇数时,则采用过渡链节,在链条受拉时,过度链节还要承受附加的弯曲载荷,如图 6.14(c)所示,通常应避免采用。

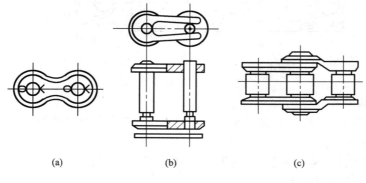

(a)　　　　　　　　　　(b)　　　　　　　　　　(c)

图 6.14　链节数

3.滚子链链轮

链轮齿形应保证链节能顺利地啮入和退出,啮合时接触良好,因磨损而节距增大时不易脱链,并便于加工。

链轮的材料应能保证轮齿有足够的强度和耐磨性。常用碳素钢、合金钢、灰铸铁等材料,小功率高速链轮也可用夹布胶木。齿面通常应热处理,使其达到一定硬度。

6.2.4　链传动的使用、张紧与维护

1.链传动的布置

(1)链传动一般应布置在铅垂面内,否则将引起脱链或不正常磨损。

(2)中心线一般宜水平或接近水平布置,链传动的紧边在上方或在下方都可以,但在上方好一些。

(3)链传动的两轴应平行,应尽量保持链传动的两个链轮共面,否则工作中容易脱链。

2.链传动的张紧

链传动应适当张紧,以避免链条松边垂度过大而产生啮合不良和振动过大。

(1)调整中心距。

(2)中心距不可调时,采用张紧装置或将磨损变长后的链条拆掉 1～2 个链节。

3.链传动的润滑

润滑方式有:人工给油,如图 6.15(a)所示;油杯滴油,如图 6.15(b)所示;油浴润滑、飞溅给油,如图 6.15(c)和 6.15(d)所示;用油泵强制润滑和冷却,如图 6.15(e)所示。

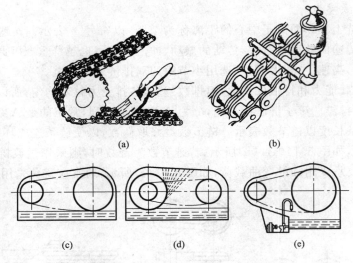

图 6.15　链传动的润滑方式

4.链传动的安装与维护

(1)链传动安装时,两链轮旋转平面间夹角误差 $\Delta\theta\leqslant2°$;两链轮轮宽的中心平面轴向位移误差 $\Delta e\leqslant0.002a$。

(2)安装接头链节时,如用弹簧夹作为锁紧件,应使弹簧夹开口端背向链的运动方向,以免链运动时受到撞击而脱离。

(3)应定期清洗滚子链,及时更换已损坏链节。若更换次数太多,应更换整根链条,以免新旧链节并用时加速链条跳动并损坏。

(4)通常,链传动应装设防护罩封闭,既防尘又减轻噪声,并起安全防护作用。

(5)链传动工作时如噪声过大,导致的原因可能是链轮不共面、松边垂度不合适、润滑不良、链罩或支撑松动、链条或链轮磨损、链条振动等,应及时检查、修理。

6.3　综合测试

一、填空题

1.带传动一般由＿＿＿＿＿、＿＿＿＿＿和＿＿＿＿＿组成。

2.根据工作原理的不同,带传动分为＿＿＿＿＿带传动和＿＿＿＿＿带传动两大类。

3.摩擦型带传动的工作原理是:当主动轮回转时,依靠带与带轮接触面间产生的＿＿＿＿＿带动从动轮转动,从而来传递＿＿＿＿＿和＿＿＿＿＿。

4.V带传动过载时,传动带会在带轮上＿＿＿＿＿,可以防止＿＿＿＿＿的损坏,起＿＿＿＿＿作用。

5.V带是一种＿＿＿＿＿接头的环形带,其工作面是与轮槽相接触的＿＿＿＿＿,带与轮槽底面＿＿＿＿＿。

6.普通V带已经标准化,其横截面尺寸由小到大分为＿＿＿＿＿七种型号。

7.普通V带的标记由＿＿＿＿＿、＿＿＿＿＿和＿＿＿＿＿三部分组成。

8.普通V带带轮的常用结构有＿＿＿＿＿、＿＿＿＿＿和＿＿＿＿＿三种。

9.安装 V 带带轮时,两带轮的轴线应相互_____,两带轮轮槽的对称平面应_____。

10.V 带传动常见的张紧方法有_____和_____。

二、选择题

1.在一般机械传动中,应用最广的带传动是( )。

A.平带传动　　　　　　　B.普通 V 带传动　　　　　　　C.同步带传动

2.普通 V 带的横截面为( )。

A.矩形　　　　　　　　　B.圆形　　　　　　　　　　　C.等腰梯形

3.按国家标准,普通 V 带有( )种型号。

A.六　　　　　　　　　　B.七　　　　　　　　　　　　C.八

4.在相同的条件下,普通 V 带横截面尺寸( ),其传递的功率也( )。

A.越小　越大　　　　　　B.越大　越小　　　　　　　　C.越大　越大

5.普通 V 带的楔角 α 为( )。

A.36°　　　　　　　　　　B.38°　　　　　　　　　　　C.40°

6.( )结构用于基准直径较小的带轮。

A.实心式　　　　　　　　B.孔板式　　　　　　　　　　C.轮辐式

7.V 带带轮的轮槽角( )V 带的楔角。

A.小于　　　　　　　　　B.大于　　　　　　　　　　　C.等于

8.在 V 带传动中,张紧轮应置于( )内侧且靠近( )处。

A.松边　小带轮　　　　　B.紧边　大带轮　　　　　　　C.松边　大带轮

9.在 V 带传动中,带的根数是由所传递的( )大小确定的。

A.速度　　　　　　　　　B.功率　　　　　　　　　　　C.转速

10.V 带在轮槽中的正确位置是( )。

A　　　　　　　　　　　B　　　　　　　　　　　C

11.考虑带的使用寿命,要求小带轮基准直径 d_{d1}( )国家标准规定的最小值。

A.不小于　　　　　　　　B.不大于　　　　　　　　　　C.等于

12.( )传动具有传动比准确的特点。

A.普通 V 带　　　　　　　B.窄 V 带　　　　　　　　　　C.同步带

三、判断题(在括号中,正确画"√",错误画"×")

1.V 带的横截面为等腰梯形。　　　　　　　　　　　　　　　　　　　　( )

2.V 带传动不能保证准确的传动比。　　　　　　　　　　　　　　　　　( )

3.在计算机、数控机床等设备中,通常采用同步带传动。　　　　　　　　( )

4.一般情况下,小带轮的轮槽角要小些,大带轮的轮槽角则大些。　　　　( )

5.普通 V 带传动的传动比 i 一般都应大于 7。　　　　　　　　　　　　( )

6.为了延长传动带的使用寿命,通常尽可能地将带轮基准直径选得大些。( )

7.在使用过程中,需要更换 V 带时,不同新旧的 V 带可以同组使用。　　　　　(　　)

8.安装 V 带时,张紧程度越紧越好。　　　　　　　　　　　　　　　　　　(　　)

9.在 V 带传动中,带速 v 过大或过小都不利于带的传动。　　　　　　　　　(　　)

10.V 带传动中,主动轮上的包角一定小于从动轮上的包角。　　　　　　　　(　　)

11.V 带传动装置应有防护罩。　　　　　　　　　　　　　　　　　　　　　(　　)

12.因为 V 带弯曲时横截面变形,所以 V 形带轮的轮槽角要小于 V 带楔角。　(　　)

13.V 带的根数影响带的传动能力,根数越多,传动功率越小。　　　　　　　(　　)

14.同步带传动的特点之一是传动比准确。　　　　　　　　　　　　　　　　(　　)

四、简答题

1.带的传动能力与哪些因素有关?

2.带、链传动的张紧方式有哪些?

3.采用张紧轮张紧时,张紧轮应如何放置?

4.小带轮的直径为什么不能过小?

5.小带轮的包角太小应如何处理?

6.带的弹性滑动与打滑有何区别? 如何避免?

项目七

齿轮传动

【实际问题】

图 7.1 所示为一齿轮传动。齿轮传动有哪些类型？应用在什么地方？

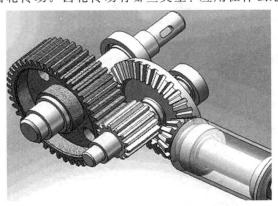

图 7.1　齿轮传动

【学习目标】

(1)掌握齿轮传动的特点及应用、齿轮传动的类型、齿轮传动的基本要求。

(2)了解渐开线的形成及其特性、渐开线齿廓的啮合特性。

(3)掌握渐开线齿轮各部分名称、基本参数、几何尺寸计算。

(4)掌握一对渐开线直齿轮的正确啮合条件、连续传动条件、正确安装条件。

(5)了解蜗杆传动的特点、组成、基本参数及传动比计算。

【教学内容】

7.1　直齿圆柱齿轮传动

7.1.1　齿轮传动的基本类型及特点

1.齿轮传动组成及类型

齿轮传动由两个齿轮和机架组成,工作时靠两齿轮轮齿直接接触(称为啮合)产生的推动作用来传递运动和动力,齿轮传动的基本类型如图 7.2 所示。

2.齿轮传动特点

用于传递空间任意两轴间的运动和动力。与摩擦轮和带传动等相比,具有传递功率大、

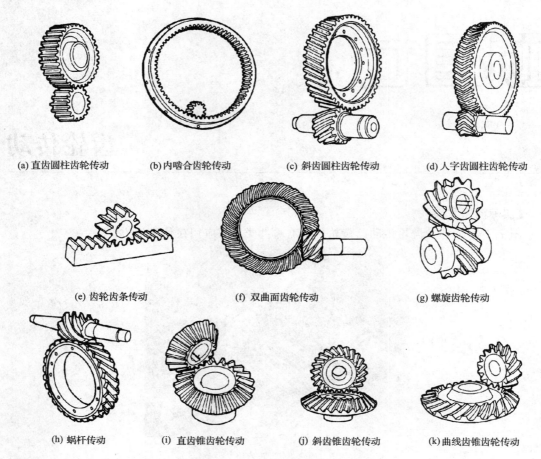

(a) 直齿圆柱齿轮传动　　(b) 内啮合齿轮传动　　(c) 斜齿圆柱齿轮传动　　(d) 人字齿圆柱齿轮传动

(e) 齿轮齿条传动　　　　(f) 双曲面齿轮传动　　　　(g) 螺旋齿轮传动

(h) 蜗杆传动　　(i) 直齿锥齿轮传动　　(j) 斜齿锥齿轮传动　　(k)曲线齿锥齿轮传动

图 7.2　齿轮传动的类型

效率高、传动比准确、使用寿命长、工作安全可靠等特点。但是要求有较高的制造和安装精度,成本较高。

3.齿轮传动的基本要求

(1)传动平稳、可靠。能保证实现瞬时角速度比(传动比)恒定,保证机器的正常工作,如机械钟表等。

(2)有足够的承载能力。即要求齿轮尺寸小、重量轻,能传递较大的力,有较长的使用寿命。也就是在工作过程中不折齿、齿面不点蚀,不产生严重磨损而失效。

7.1.2　渐开线齿轮齿廓及传动比

1.渐开线形成

如图 7.3 所示,一条直线在一个圆上作纯滚动时,直线上任一点 K 的轨迹称为该圆渐开线,该圆称为渐开线的基圆,直线 BK 称为渐开线发生线。

以同一个基圆上产生的两条反向渐开线为齿廓的齿轮称为渐开线齿轮,如图 7.4 所示。

2.渐开线的性质

(1)发生线在基圆上滚过的线段长度等于基圆上被滚过的弧长,如图 7.5 所示,即 AB 弧长等于 BK 线段长。

(2)渐开线上任意点的法线必切于基圆。

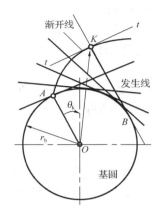

图 7.3 渐开线的形成

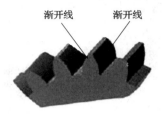

图 7.4 渐开线齿轮

(3)渐开线上各点的曲率半径不等。B 点为曲率中心，BK 为曲率半径，渐开线起始点 A 处曲率半径为零；K 点离基圆越远，曲率半径 BK 越大。

(4)渐开线形状取决于基圆的大小。同一基圆得到的渐开线形状完全相同。基圆越小，渐开线越弯曲；基圆越大，渐开线越平直，如图 7.6 所示。基圆半径无穷大时，渐开线变成直线，这种直线型渐开线就是齿条的齿廓线，也就形成了齿条。

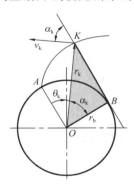

图 7.5 渐开线形成

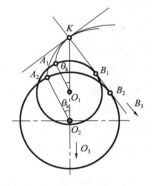

图 7.6 渐开线形状

(5)啮合角(压力角)。啮合时 K 点正压力方向与速度方向所夹锐角称为渐开线上该点的压力角，用 α_k 表示，如图 7.5 所示。

$$\cos\alpha_k = \frac{\overline{OB}}{\overline{OK}} = \frac{r_b}{r_k}$$

同一条渐开线各点压力角不等，离基圆愈远压力角越大，基圆上的压力角为零度。

(6)基圆内无渐开线。

7.1.3 渐开线齿廓的啮合特性

一对齿轮传动是靠主动轮齿廓推动从动轮齿廓来实现的。两轮的瞬时角速度之比称为传动比。在工程中要求为定值。

$$i_{12} = \omega_1 / \omega_2$$

1.渐开线齿廓满足定传动比要求

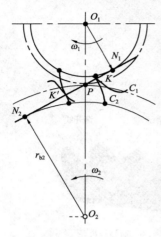

图7.7 渐开线齿轮的啮合

如图7.7所示,两齿廓在任意点 K 啮合,过 K 点作两齿廓的公法线 N_1N_2,根据渐开线的性质,该公法线也是两基圆的内公切线。由于齿轮基圆的大小和位置均固定,公法线 N_1N_2 为一定直线。

因此无论齿轮在哪一点啮合,啮合点总落在这条公法线上,该公法线也称为啮合线。该线与连心线 O_1O_2 的交点 P 是一定点,P 点称为节点。

分别以轮心 O_1 和 O_2 为圆心,以 $r_1=O_1P$ 与 $r_2=O_2P$ 为半径所作的圆,称为节圆。当两齿廓在 P 点啮合时,两齿廓在 P 点速度方向相同,速度大小相等,即 $V_{P1}=V_{P2}$,因此,一对渐开线齿轮的啮合传动可以看作两个节圆的纯滚动。设齿轮1、齿轮2的角速度分别为 ω_1、ω_2,则

$$V_{P1}=\omega_1 O_1 P=V_{P2}=\omega_2 O_2 P$$

又

$$\triangle O_1 N_1 P \backsim \triangle O_2 N_2 P$$

所以

$$i_{12}=\omega_1/\omega_2=O_2P/O_1P=r_{b2}/r_{b1}$$

由上式可知渐开线齿轮的传动比是常数。齿轮一经加工完毕,基圆大小就确定了,因此在安装时若中心距略有变化也不会改变传动比的大小,此特性称为中心距的可分性。该特性使齿轮对加工、安装的误差不敏感,这一点对齿轮传动十分重要。

2.传力的平稳性

啮合线与节圆公切线之间的夹角 α' 称为啮合角。实际上 α' 就是节圆上的压力角。

由渐开线的性质可知:啮合线又是接触点的法线,正压力总是沿法线方向,故齿轮接触点处正压力方向不变。该特性使齿轮传动平稳。

3.齿廓间的相对滑动

两齿廓在啮合传动时,齿廓之间将产生相对滑动。齿廓间的相对滑动将引起齿廓的摩擦和磨损,但也利于润滑油膜的形成。

7.1.4 渐开线标准直齿圆柱齿轮的基本参数和几何尺寸计算

1.渐开线齿轮各部分名称和符号

如图7.8所示,齿轮圆周上凸出的、均匀分布的部分称为齿,轮齿总数称为齿数,用 Z 表示。相邻两齿间的空间称为齿槽,过所有齿槽底部的圆称为齿根圆,半径用 r_f 表示,直径用 d_f 表示。过所有轮齿顶部的圆称为齿顶圆,半径用 r_a 表示,直径用 d_a 表示。外齿轮的齿顶圆大于齿根圆,内齿轮则相反。

在任一半径 r_k 的圆周上,同一轮齿两侧齿廓间的弧长称为该圆的齿厚,用 s_k 表示,而相邻两齿廓间的弧长称为该圆上的齿槽宽,用 e_k 表示。相邻两齿同侧齿廓间的弧长称为该圆上的齿距,用 p_k 表示,$p_k=s_k+e_k$,该圆周长 $p_k z=\pi d_k$,$d_k=p_k z/\pi$,$m_k=p_k/\pi$ 称为该圆上的模数,显然 m_k 为一无理数。为设计、制造方便,人为规定一个圆,使该圆上模数为有理数(标准模数),并使该圆上的压力角为标准值,这个圆叫分度圆。规定分度圆上的所有参数不带下标,如分度圆上的模数为 m,直径为 d,压力角为 α,等等。我国规定的标准压力角为

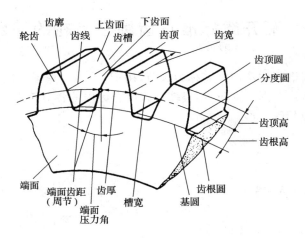

图 7.8 齿轮各部分名称

$20°$,标准模数如表 7.1 所列。

表 7.1 渐开线齿轮的模数

第一系列	1 1.25 1.5 2 2.5 3 4 5 6 8 10 12 16 20 25 32 40 50
第二系列	1.75 2.25 2.75(3.25) 3.5(3.75) 4.5 5.5(6.5) 7 9(11)14 18 22

注:优先选用第一系列,括号内的数值尽可能不用。

当基圆半径趋向无穷大时,渐开线齿廓变成直线齿廓,齿轮变成齿条,齿轮上的各圆都变成齿条上的相应直线。齿条上同侧齿廓相互平行,所以齿廓上任意点的齿距都相等,但只有在分度线上的齿厚与齿距才相等,即 $s=e=\pi m/2$。齿廓上各点的压力角都相等,均为标准值。

2. 标准直齿圆柱齿轮的基本参数和几何尺寸计算

1)标准直齿圆柱齿轮的基本参数

标准直齿圆柱齿轮的基本参数有模数 m、压力角 α、齿顶高系数 h_a^*、顶隙系数 c^* 和齿数 z。我国规定的标准值为 $h_a^*=1,c^*=0.25$。标准直齿圆柱齿轮的所有尺寸均可用上述五个参数来表示。

2)渐开线标准直齿圆柱齿轮的几何尺寸

(1)标准齿轮:m、α、h_a^*、c^* 均为标准值,且在分度圆上的 $s=e$ 的齿轮称为标准齿轮。

(2)标准直齿圆柱齿轮几何尺寸的计算公式见表 7.2。

表 7.2 标准直齿圆柱齿轮几何尺寸的计算公式(外齿轮)

各部分名称	代 号	公 式
分度圆直径	d	$d=mz$
齿顶高	h_a	$h_a=m$
齿根高	h_f	$h_f=1.25m$
齿顶圆直径	d_a	$d_a=m(z+2)$
齿根圆直径	d_f	$d_f=m(z-2.5)$
齿距	p	$p=\pi m$
齿厚	s	$s=\dfrac{1}{2}\pi m$
中心距	a	$a=\dfrac{1}{2}(d_1+d_2)=\dfrac{1}{2}m(z_1+z_2)$

7.1.5 渐开线标准直齿圆柱齿轮的啮合传动

1.正确啮合条件

相邻两齿同侧齿廓间的法向距离称为法节,用 P_n 表示。由渐开线的性质可知,法节与基节相等,即 $P_n = P_b$。如图 7.9 所示,要使进入啮合区内的各对轮齿都能正确地进入啮合,两齿轮的法向距离应相等。即

$$P_{n1} = P_{n2}$$

因为

$$P_b = P_n$$

所以

$$P_{b1} = P_{b2}$$

将 $P_b = \pi m \cos\alpha$ 代入,得

$$m_1 \cos\alpha_1 = m_2 \cos\alpha_2$$

因 m 和 α 都取标准值,使上式成立的条件为

$$m_1 = m_2, \alpha_1 = \alpha_2$$

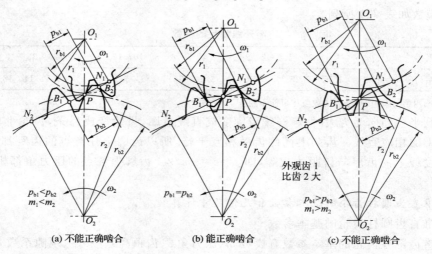

外观齿 1
比齿 2 大

(a) 不能正确啮合   (b) 能正确啮合   (c) 不能正确啮合

图 7.9 齿轮啮合情况

由此得出一对渐开线齿轮的正确啮合条件是:两轮的模数和压力角应分别相等。

2.连续传动条件

一对轮齿在开始啮合时,总是由主动轮的齿根推从动轮的齿顶,当主动轮的齿顶与从动轮的齿根相啮合时,这对轮齿即将退出啮合。如图 7.10 所示,B_2(2 齿轮的齿顶圆与啮合线交点)为起始啮合点,B_1(1 齿轮的齿顶圆与啮合线交点)为终止啮合点,$B_1 B_2$ 为实际啮合线,$N_1 N_2$ 理论上可能的最长啮合线段,称为理论啮合线。为保证连续传动,前一对齿即将退出啮合时,后一对齿进入啮合,即实际啮合线段 $B_1 B_2 \geqslant P_n$。

$$\varepsilon = B_1 B_2 / P_n = B_1 B_2 / P_b \geqslant 1$$

式中,ε 称为重合度,它表明同时参与啮合轮齿的对数。

为保证可靠工作,工程上要求:$\varepsilon \geqslant [\varepsilon]$。$[\varepsilon]$ 的推荐值

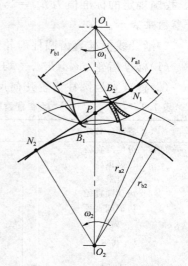

图 7.10 齿轮连续传动条件

见表 7.3。

表 7.3 $[\varepsilon]$ 的推荐值

使用场合	一般机械制造业	汽车、拖拉机	金属切削机床
$[\varepsilon]$	1.4	1.1~1.2	1.3

采用标准齿轮,总是有 $\varepsilon \geqslant 1$,故不必验算。

3.标准安装、标准中心距

为避免冲击、振动、噪声等,理论上齿轮传动应为无侧隙啮合。齿轮啮合时相当于一对节圆作纯滚动,齿轮的侧隙 $\Delta = e_1' - s_2'$。标准齿轮分度圆上的齿厚等于齿槽宽,即 $s = e = \pi m/2$,所以要保证无侧隙啮合,就要求分度圆与节圆重合。这样的安装称为标准安装,此时的中心距称为标准中心距,用 a 表示。如图 7.11 所示。

$$a = r_1 + r_2 = r_1' + r_2' = m(z_1 + z_2)/2$$

当安装中心距不等于标准中心距时,即分度圆不相切了,这时的安装称为非标准安装。实际中心距 $a' = r_1' + r_2'$。

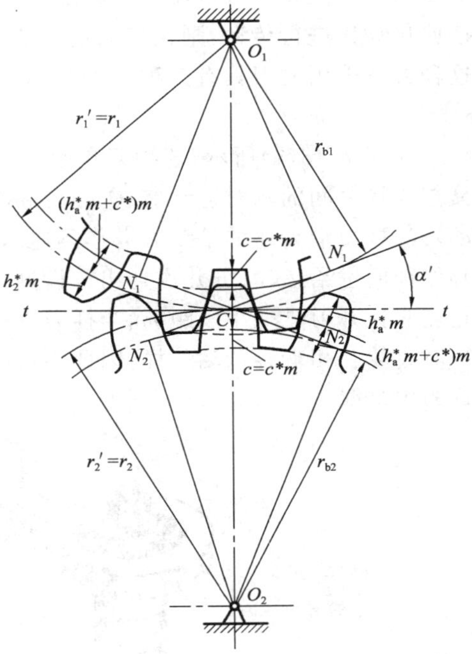

7.1.6 渐开线齿轮切齿原理及变位齿轮简介

齿轮的加工方法很多,有铸造法、模锻法、粉末冶金法、切制法等。这里主要介绍切制法,包括以下两种。

图 7.11 外啮合传动

1.仿形法

仿形法是在普通铣床上用轴向剖面形状与被切齿轮齿槽形状完全相同的盘铣刀或指状铣刀切制齿轮的方法,如图 7.12 所示。铣完一个齿后,分度头将齿坯转过 $360°/z$,再铣下一个槽,直至铣出所有齿槽。

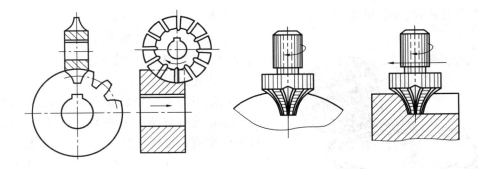

图 7.12 成型铣刀加工齿轮

由 $d_b = mz\cos\alpha$ 可知,在 m 一定时,渐开线形状随齿数 z 变化。要想获得精确的齿廓,加工一种齿数的齿轮,就需要一把刀具,而刀具数量多在生产中不便于管理。为了控制铣刀的数量,对于同一模数的铣刀只备有 8 把,每号铣刀可切制一定齿数范围的齿轮。

成形法加工的优点是在普通铣床上就可以加工齿轮;缺点是产生齿形误差和分度误差,精度较低,加工不连续,生产效率低。这种方法多用于修配和单件生产中。

2.范成法

这种方法是加工齿轮中最常用的一种方法。利用一对齿轮互相啮合传动时,两轮的齿廓互为包络线的原理来加工的。

将一对互相啮合传动的齿轮之一变为刀具,而另一个作为轮坯,通过机床带动使二者仍按原传动比进行传动,则在传动过程中,刀具的齿廓便将在轮坯上包络出与其共轭的齿廓。这种方法采用的刀具有三种:

1)齿轮插刀

如图 7.13(a)所示,这种刀具像一个具有切削刃的外齿轮,统称为齿轮插刀。插齿时刀具与轮坯之间的相对运动有:①插刀和轮坯以恒定的传动比作缓慢的回转运动(称为分度运动);②插刀沿轮坯的轴线方向作迅速的往复进刀和退刀运动以进行切削;③刀具向轮坯中心作径向进给运动(分几次切出全齿高);④为防刀具刮伤已加工好的齿面,在插刀退刀时,轮坯应让开刀具一小段距离,当插刀继续向下切削时,轮坯又恢复至原处(让刀运动)。好像一对齿轮互相啮合传动一样,因此用这种方法加工出来的齿轮的齿廓为插刀刀刃在各个位置的包络线。

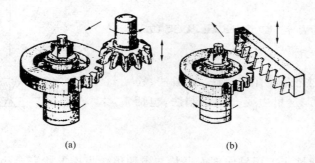

(a)   (b)

图 7.13 插齿原理

2)齿条插刀

当齿轮插刀的齿数增加到无穷多时,基圆半径成为无穷大,齿轮插刀成为齿条插刀。其原理与齿轮插刀相同,只是刀具由转动变移动,如图 7.13(b)所示。

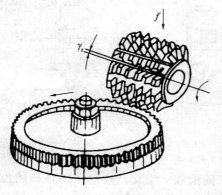

图 7.14 滚切齿轮

用上述两种刀具加工齿轮的共同缺点是加工过程为断续切削,生产效率低。

3)齿轮滚刀

用滚刀加工齿轮就没有断续切削的缺点,并且只需正确调整滚刀的安装位置,则同一把滚刀既能切削直齿也能切削斜齿的圆柱齿轮。

如图 7.14 所示,齿轮滚刀为一具有斜纵向槽的螺杆形状的刀具,在垂直于轮坯轴线并通过滚刀轴线的主剖面内,刀具与轮坯相当于齿条与齿轮的啮合,其切齿原理与用齿条插刀切制齿轮的原理相同。为了切制具有一定轴向宽度的齿轮,滚刀在转动同时,还需作平行于轮坯轴线的缓慢移动。又为了使滚刀螺旋线的切线方向与被切轮齿的方向相同,安装滚刀时应使其轴线与轮坯的端面成一个等于滚刀升角的角,即可加工出直齿轮。滚齿加工过程接近于连续过程,故生产率较高。

总之,用范成法加工齿轮时,只要刀具和被加工齿轮的模数和压力角相同,则不论被加工齿轮的齿数为多少,都可以用同一把刀具加工。因此,在生产中多采用范成法。

7.1.7 根切现象和最少齿数

如图 7.15 所示,齿轮轮齿齿根部渐开线被切去一部分,这种现象称为根切。轮齿根切后,齿根变薄,削弱轮齿的抗弯强度,使重合度 ε 下降,影响传动平稳性。

产生根切的原因就是被切齿轮的齿数过少,标准齿轮不发生根切的最少齿数为

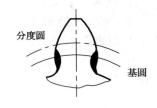

图 7.15 齿轮根切

$$z_{\min} = 2h_a^* / \sin^2 \alpha$$

取 $\alpha = 20°$, $h_a^* = 1$,代入上式得:$z_{\min} = 17$。

7.1.8 变位齿轮简介

1. 用标准齿条型刀具加工标准齿轮

加工标准齿轮时刀具分度线刚好与轮坯的分度圆作纯滚动,如图 7.16 所示。

加工结果为

$$s = e = \pi m / 2$$
$$h_a = h_a^* m$$
$$h_f = (h_a^* + c^*) m$$

2. 加工变位齿轮

在加工齿轮时,刀具分度线与轮坯分度圆不相切,使加工出的齿轮在分度圆上,齿厚与齿槽宽不相等,这种齿轮称为变位齿轮。若刀具分度线与被切齿轮的分度圆相离 xm(x 称为变位系数),这样加工出的齿轮称为正变位齿轮,如图 7.17 所示,反之为负变位齿轮。正变位齿轮在分度圆上齿厚大于齿槽宽,负变位齿轮在分度圆上齿厚小于齿槽宽。当齿轮加工产生根切时应采用正变位,有时为满足中心距要求或齿厚要求,在不产生根切的情况下,也可采用负变位齿轮。

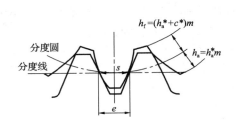

图 7.16 标准齿轮加工

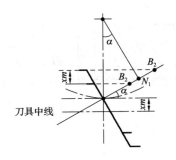

图 7.17 变位齿轮加工

由于刀具一样,变位齿轮的基本参数 m、z、α 与标准齿轮相同,故 d、d_b 与标准齿轮也相同。变位后,齿轮的齿顶高与齿根高有变化,分度圆上的齿厚与齿槽宽不等。

采用变位修正法加工变位齿轮,不仅可以避免根切,而且与标准齿轮相比,齿厚等参数发生了变化,因而,可以用这种方法来提高齿轮的弯曲强度,以改善齿轮的传动质量。且加工所用刀具与标准齿轮的一样,因此,变位齿轮在各类机械中获得了广泛的应用。

7.2 斜齿圆柱齿轮传动

1.齿面形成及啮合特点

如图 7.18 所示直齿圆柱齿轮齿向与齿轮轴向平行,斜齿圆柱齿轮齿向与齿轮轴向不平行,呈螺旋状,因此直齿轮与斜齿轮有许多相同与不同之处。

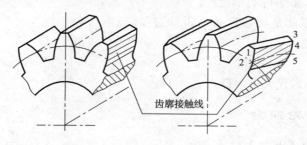

图 7.18 直齿与斜齿轮齿廓曲面

端面:与齿轮轴向相垂直的面。法面:与齿轮齿向相垂直的面。

直齿轮端面与法面重合,所以研究直齿轮时只研究端面;斜齿轮端面与法面不重合,所以端面和法面都研究。

由于斜齿轮在端面看是圆,所以斜齿轮的齿顶圆、齿根圆、基圆、分度圆、中心距等几何尺寸计算都在端面内。

用仿形法加工斜齿轮时,刀具沿齿槽方向走刀,所以刀具轴剖面形状与齿槽法剖面形状相同,为加工方便,规定斜齿轮的法面参数:m_n、α_n、h_{an}^*、c_n^* 为标准值,且与直齿圆柱齿轮的参数标准值相同。

2.斜齿轮的基本参数及尺寸计算

斜齿轮的基本参数有齿数、螺旋角、模数、压力角、齿高系数与顶隙系数。

1)螺旋角

如图 7.19 所示为斜齿轮分度圆柱面展开图,螺旋线展开成一直线,该直线与轴线的夹角为斜齿轮在分度圆柱上的螺旋角,简称斜齿轮的螺旋角,用 β 表示。

斜齿轮轮齿的旋向判别是将齿轮的轴线垂直于地面,齿(螺旋线)的可见部分自左向右上升的为右旋,反之为左旋。

2)法面模数与端面模数

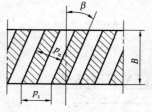

图 7.19 斜齿轮的展开图

如图 7.19 所示,P_t 为端面齿距,P_n 为法面齿距,$P_n = P_t \cos\beta$,因为 $P = \pi m$,所以

$$\pi m_n = \pi m_t \cos\beta$$
$$m_n = m_t \cos\beta$$

3）法面压力角与端面压力角

$$\tan\alpha_n = m_t\cos\beta$$

4）齿高系数与顶隙系数

$$h_f = (h_{an}^* + c_n^*)m_n = (h_{at}^* + c_t^*)m_t$$
$$h_a = h_{an}^* m_n = h_{at}^* m_t$$

5）几何尺寸计算

斜齿圆柱齿的几何尺寸计算在端面进行，计算公式见表 7.4。

表 7.4　　　　标准斜齿轮几何尺寸计算公式（$h_a^* = 1$，$c^* = 0.25$ 外啮合）

名　称	代　号	计算公式
法面模数	m_n	与直齿圆柱齿轮 m 相同，由强度计算决定
螺旋角	β	$\beta_1 = -\beta_2$，一般 $\beta = 8° \sim 20°$
端面模数	m_t	$m_t = \dfrac{m_n}{\cos\beta}$
端面压力角	α_t	$\tan\alpha_t = \dfrac{\tan\alpha_n}{\cos\beta}$
分度圆直径	d	$d = \dfrac{m_n}{\cos\beta}z$
法面齿距	p_n	$p_n = \pi m_n$
齿顶高	h_a	$h_a = m_n$
齿根高	h_f	$h_f = 1.25m$
全齿高	h	$h = h_a + h_f$
齿顶圆直径	d_a	$d_a = d + 2h_a = m_n(\dfrac{z}{\cos\beta} + 2)$
齿根圆直径	d_f	$d_f = d - 2h_f = m_n(\dfrac{z}{\cos\beta} - 2.5)$
中心距	a	$a = \dfrac{1}{2}(d_1 + d_2) = \dfrac{m_n}{2\cos\beta}(z_1 + z_2)$

3. 斜齿圆柱齿轮的当量齿数

用仿形法加工斜齿轮选择铣刀时，铣刀的轴面形状与斜齿轮的法面齿槽形状相同。按斜齿轮的法面齿形作一假想直齿轮，这个假想直齿轮称为斜齿轮的当量齿轮，其齿数称为当量齿数。

如图 7.20 所示，过斜齿轮分度圆上 C 点，作斜齿轮法剖面，得到一椭圆。该剖面上 C 点附近的齿型可以视为斜齿轮的法面齿型。

以椭圆上点 C 的曲率半径作为假想直齿轮的分度圆半径，并设该虚拟直齿轮的模数和压力角分别等于斜齿轮的法面模数和压力角。

虚拟直齿轮称为斜齿轮的当量齿轮，其当量齿数为 z_v，即

$$z_v = \frac{2\rho}{m_n} = \frac{d}{m_n\cos^2\beta} = \frac{z}{\cos^3\beta}$$

4. 斜齿圆柱齿轮传动正确啮合条件

在端面看，一对外啮合斜齿圆柱齿轮传动与直齿圆柱齿轮传动相同，所以斜齿圆柱齿轮的正确啮合条件与直齿圆柱齿轮的正确啮合条件相同：

（1）两斜齿轮的端（法）面模数相等，$m_{n1} = m_{n2}$；

（2）两斜齿轮的端（法）面压力角相等，$\alpha_{n1} = \alpha_{n2}$；

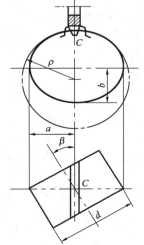

图 7.20　斜齿轮的当量圆柱齿轮

（3）两斜齿轮的螺旋角大小相等，旋向相反（外啮合），$\beta_1 = -\beta_2$。

5.斜齿圆柱齿轮传动特点

（1）两斜齿轮由一端面进入啮合，接触线由一点开始逐渐变长，再由长逐渐变短至一点，脱离啮合，轮齿啮合过程比直齿轮长，同时参与啮合的轮齿对数也比直齿轮多。因此，斜齿轮传动平稳、承载能力强、噪声和冲击小。适用于高速、大功率的齿轮传动。

（2）由于轮齿倾斜，传动中有一轴向力。

7.3 直齿圆锥齿轮传动

圆锥齿轮机构主要用来传递两相交轴之间的运动和动力，如图 7.21 所示。圆锥齿轮的轮齿是分布在一个截锥体上的。一对圆锥齿轮两轴之间的夹角可根据传动的需要来决定，但一般情况下，工程上多采用的是轴交角 $\sum = 90°$ 的传动。

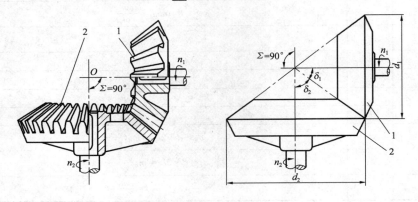

图 7.21 直齿锥齿轮传动
1—小轮；2—大轮

1.直齿圆锥齿轮的基本参数及尺寸计算

直齿圆锥齿轮轮齿分布在圆锥面上，所以轮齿的尺寸沿着齿宽方向变化，大端轮齿尺寸比小端大，为了便于测量，规定以大端参数为标准值。

直齿圆锥齿轮几何尺寸计算如图 7.22 所示，计算在大端进行，见表 7.5。

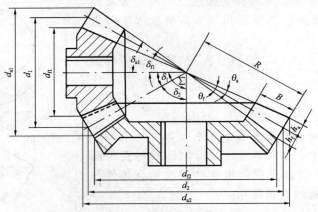

图 7.22 直齿圆锥齿轮几何尺寸

表 7.5　　　　　　　　　　直齿圆锥齿轮几何尺寸计算公式

名　称	代　号	计算公式
模数	m	大端模数 m 为标准模数
平均模数	m_n	$m_n = (1-0.5b/R)m$，由强度计算而定
分度圆锥角	δ	$\tan\delta_1 = \dfrac{z_1}{z_2}$，$\tan\delta_2 = \dfrac{z_2}{z_1}$
齿顶高	h_a	$h_a = m$
齿根高	h_f	$h_f = 1.2m$
齿高	h	$h = h_a + h_f$
分度圆直径	d	$d_1 = mz_1$，$d_2 = mz_2$
齿顶圆直径	d_a	$d_{a1} = m(z_1 + 2\cos\delta_1)$，$d_{a2} = m(z_2 + 2\cos\delta_2)$
齿根圆直径	d_f	$d_{f1} = m(z_1 - 2.4\cos\delta_1)$，$d_{f2} = m(z_2 - 2.4\cos\delta_2)$
锥距	R	$R = \dfrac{d_1}{2\sin\delta_1} = \dfrac{d_2}{2\sin\delta_2} = \dfrac{m}{2}\sqrt{z_1^2 + z_2^2}$
齿宽	b	$b = \varphi_R \cdot R$，$b \leqslant \dfrac{R}{3}$，$b \leqslant 10m$
齿顶角	θ_a	$\tan\theta_a = \dfrac{h_a}{R}$
齿根角	θ_f	$\tan\theta_f = \dfrac{h_f}{R}$
齿顶圆锥角	δ_a	$\delta_{a1} = \delta_1 + \theta_a$，$\delta_{a2} = \delta_2 + \theta_a$
齿根圆锥角	δ_f	$\delta_{f1} = \delta_1 - \theta_f$，$\delta_{f2} = \delta_2 - \theta_f$

2.直齿圆锥齿轮传动的正确啮合条件

直齿圆锥齿轮大端 $m_1 = m_2$，$\alpha_1 = \alpha_2$，且 $R_1 = R_2$（锥距相等）。

7.4　齿轮传动的失效分析和齿轮材料

1.齿轮传动的失效形式

齿轮传动的失效主要是轮齿失效。齿轮传动分开式和闭式传动,闭式传动是指传动的齿轮封闭在箱体之中,开式传动是指齿轮暴露在外面;闭式齿轮传动又分软齿面(硬度≤350 HBS)和硬齿面(硬度≥350 HBS);有高速与低速之分;有轻载与重载之分。齿轮传动的形式不同失效形式也不同,主要有以下五种:

1)轮齿折断

弯曲疲劳折断是闭式硬齿面齿轮传动最主要的失效形式。轮齿像一个悬臂梁,受载后齿根部产生的应力最大,而且是变化的,导致齿根部产生裂纹,裂纹扩大致使轮齿折断。过载折断是载荷突然过大,导致轮齿折断。

提高轮齿抗折断能力的措施：

（1）减小齿根应力集中（增加齿根过渡圆角，降低齿根部分表面粗糙度）。

（2）提高安装精度及支承刚性，避免轮齿偏载，设计时限制齿根弯曲应力小于许用值。

（3）改善热处理，使其有足够的齿芯韧性和齿面硬度。

（4）齿根部分进行表面强化处理（喷丸、滚压）。

2）齿面疲劳点蚀

齿面疲劳点蚀是闭式软齿面齿轮传动的主要失效形式。齿轮轮齿是间歇工作的，工作时齿面间有相互接触应力，不工作时没有。如果接触应力超过了轮齿材料的接触疲劳极限时，齿面上产生裂纹，裂纹扩展致使表层金属剥落，形成小麻点，这种现象称为点蚀。

点蚀位置为节线附近，此时齿轮轮齿啮合数少。其原因：（1）单齿对啮合接触应力较大；（2）节线处相对滑动速度较低，不易形成润滑油膜；（3）油起到一个媒介作用，润滑油渗入到微裂纹中，在较大接触应力挤压下使裂纹扩展直至表面金属剥落。防止措施：（1）提高齿面硬度；（2）降低表面粗糙度；（3）选用较高黏度的润滑油；（4）提高精度（加工、安装）；（5）改善散热。

开式齿轮传动由于磨损较快，一般不会点蚀。

3）齿面磨损

齿面磨损是开式齿轮的主要失效形式。防止措施：（1）提高齿面硬度；（2）降低表面粗糙度；（3）降低滑动摩擦因数；（4）润滑油定期清洁和更换；（5）变开式为闭式。

4）齿面胶合

齿面胶合是高速重载传动的主要失效形式，也称为热胶合。原因是高速、重载时压力大、滑动速度高，导致摩擦热大，接触处温度高，啮合齿面黏结（冷焊结点）。齿面间相对滑动时，结点部位材料被剪切，沿相对滑动方向齿面材料被撕裂。

低速重载或缺油时，压力过大、油膜被挤破引起胶合，称为冷胶合。

防止措施：（1）采用抗胶合能力强的润滑油（加极压添加剂）；（2）采用角度变位齿轮传动，使滑动速度 v_S 下降。（3）减小 m 和齿高 h，降低滑动速度 v_S；（4）提高齿面硬度；（5）降低表面粗糙度；（6）配对齿轮有适当的硬度差；（7）改善润滑与散热条件。

5）齿面塑性变形

齿面塑性变形是低速重载软齿轮传动的主要失效形式。齿面在过大的摩擦力作用下处于屈服状态，产生沿摩擦力方向的齿面材料的塑性流动，从而使齿面正确轮廓曲线被损坏。

防止措施：（1）提高齿面硬度；（2）采用高黏度的润滑油或加极压添加剂。

2.齿轮的常用材料

齿轮的齿体应有较高的抗折断能力，齿面应有较强的抗点蚀、抗磨损和较高的抗胶合能力，即要求齿面硬、芯部韧。

常用的齿轮材料有锻钢、铸钢、铸铁，某些情况下也选用工程塑料等非金属材料：

（1）锻钢——含碳量为 $0.15\% \sim 0.6\%$ 的碳素钢或合金钢。一般齿轮用碳素钢，重要齿轮用合金钢。

（2）铸钢——耐磨性及强度较好，常用于大尺寸齿轮。

（3）铸铁——常作为低速、轻载、不太重要的场合的齿轮材料。

（4）非金属材料——适用于高速、轻载且要求降低噪声的场合。

7.5 齿轮结构

1.齿轮轴

当齿轮的齿根圆至键槽底部的距离 $x \leqslant (2 \sim 2.5)$m,或当锥齿轮小端的齿根圆至键槽底部的距离 $x \leqslant (1.6 \sim 2)$m,可以将齿轮与轴作成一体的,称为齿轮轴,如图 7.23 所示。

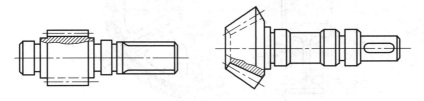

图 7.23 齿轮轴

2.实体式齿轮

齿顶圆直径 $d_a \leqslant 200$ mm 时,可以采用实体式结构,如图 7.24 所示。

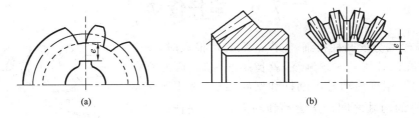

(a)　　　　　　　　　　(b)

图 7.24 实体式齿轮

3.腹板式结构

当齿顶圆直径 $d_a = 200 \sim 500$ mm 时,为了减轻重量,节约材料,同时由于不易锻出辐条,常采用腹板式结构,如图 7.25 所示。

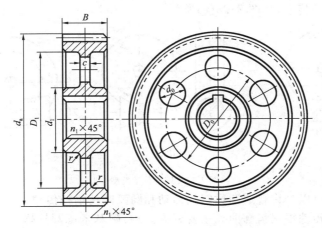

图 7.25 腹板式齿轮

4.轮辐式结构

对于齿轮齿顶圆直径 $d_a \geqslant 500$ mm 的齿轮,一般采用锻或铸造轮辐式,如图 7.26 所示。

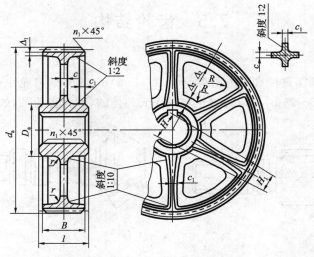

图 7.26 轮辐式齿轮

7.6 蜗杆传动

当斜齿轮的分度圆柱很细,轮齿的螺旋角很大时,一个
轮齿就可以在圆柱体上连续缠绕,就像螺纹一样,因此蜗杆
是特殊斜齿轮。蜗杆传动是由蜗杆和蜗轮组成,常用于交错
轴 $\Sigma = 90°$ 的两轴之间传递运动和动力。一般蜗杆为主动
件,作减速运动,如图7.27所示。

1. 蜗杆传动的类型

按蜗杆分度曲面的形状不同,蜗杆传动可以分为三种类
型:圆柱蜗杆传动,如图 7.28(a)所示;环面蜗杆传动,如图
7.28(b)所示;锥蜗杆传动,如图 7.28(c)所示。

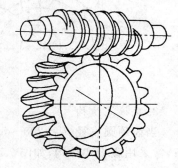

图 7.27 蜗杆传动

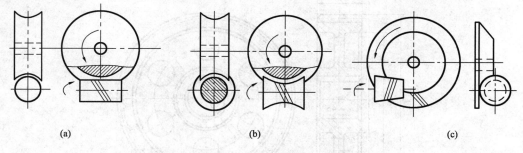

| (a) | (b) | (c) |

图 7.28 蜗杆传动类型

圆柱蜗杆传动可以分为普通圆柱蜗杆传动和圆弧圆柱蜗杆传动 。

普通圆柱蜗杆传动根据齿廓曲线主要分为三种:阿基米德圆柱蜗杆(ZA 蜗杆)、渐开线
圆柱蜗杆(ZI 蜗杆)、法向直廓圆柱蜗杆(ZN 蜗杆)。

本章只讨论阿基米德圆柱蜗杆,加工时,梯形车刀切削刃的顶平面通过蜗杆轴线,在轴
向剖面具有直线齿廓,就像齿条一样。这种蜗杆切制简单,但难以用砂轮磨削出精确齿形,

精度较低。

2. 蜗杆传动的主要参数和几何尺寸

在蜗杆传动中,包含蜗杆轴线并与蜗轮轴线垂直的平面称为中间平面,如图7.29所示。在中间平面上,普通圆柱蜗杆传动就相当于齿条与齿轮的啮合传动。因此,国家标准规定,中间平面上的参数即蜗杆的轴面参数为标准值,蜗轮的端面参数为标准值,几何尺寸计算在中间平面。

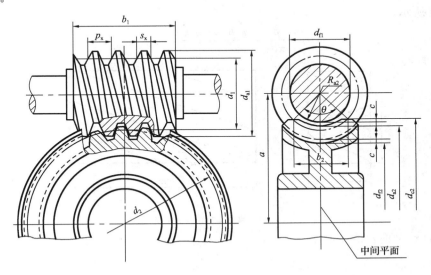

图 7.29　蜗杆传动的主要参数和几何尺寸

1)模数 m 和压力角

蜗杆传动的尺寸计算与齿轮传动一样,也是以模数 m 作为计算的主要参数。在中间平面内蜗杆传动相当于齿轮和齿条传动,为此将此平面内的模数和压力角规定为标准值。中间平面对于蜗杆是轴剖面,因此用轴向模数和轴向压力角;对于蜗轮是端面,用端面模数和端面压力角。标准模数见《机械设计手册》,标准压力角为20°。

2)蜗杆头数 z_1 和传动比 i

蜗杆头数 z_1 可根据要求的传动比和效率来选定,见表7.6。当传动比大于40或要求蜗杆自锁时,取 $z_1=1$,但效率较低。如果要提高效率,应增加蜗杆的头数,常取 z_1 为2、4。但蜗杆头数过多,又会给加工带来困难。一般推荐选用蜗杆头数取为1、2、4、6。

蜗轮齿数 $z_2=28\sim80$。通常蜗杆为主动件,蜗杆与蜗轮之间的传动比为

$$i=\frac{n_1}{n_2}=\frac{z_2}{z_1}$$

表 7.6　　　　　　　　　　　　蜗杆头数 z_1 和蜗轮齿数 z_2 推荐值

传动比 i	$7\sim13$	$14\sim17$	$18\sim40$	>40
蜗杆头数 z_1	4	2	2、1	1
蜗轮齿数 z_2	$28\sim52$	$28\sim54$	$28\sim80$	>40

3)蜗杆的分度圆直径 d_1

在蜗杆传动中,为了保证蜗杆与配对蜗轮的正确啮合,常用与蜗杆相同尺寸的蜗轮滚刀来加工与其配对的蜗轮。这样,只要有一种尺寸的蜗杆,就需要一种对应的蜗轮滚刀。对于同一模数,可以有很多不同直径的蜗杆,因而对每一模数就要配备很多蜗轮滚刀,这样不便

于企业管理。

为了限制蜗轮滚刀的数目及便于滚刀的标准化,对每一标准模数规定了一定数量的蜗杆分度圆直径 d_1,我们把比值 $q=\dfrac{d_1}{m}$ 称为蜗杆直径系数。m、d_1、q 值查《机械设计手册》。

4)导程角 γ

蜗杆的直径系数 q 和蜗杆头数 z_1 选定之后,蜗杆分度圆柱上的导程角 γ 也就确定了,如图 7.30 所示。

$$\tan\gamma=\frac{p_z}{\pi d_1}=\frac{z_1 p_{x1}}{\pi d_1}=\frac{z_1 \pi m}{\pi d_1}=\frac{z_1 m}{d_1}=\frac{z_1}{q}$$

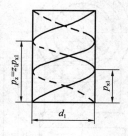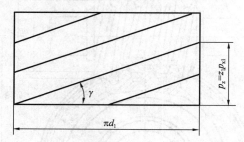

图 7.30 蜗杆导程角与导程关系

5)蜗杆传动的标准中心距

$$a=\frac{1}{2}(d_1+d_2)=\frac{1}{2}(q+z_2)m$$

6)蜗杆传动的几何尺寸计算

蜗杆传动的几何尺寸计算见表 7.7。

表 7.7 蜗杆传动的几何尺寸计算

名 称	符 号	蜗 杆	蜗 轮
齿顶高	h_a	$h_a=h_a^* m$	
齿根高	h_f	$h_f=(h_a^*+c^*)m$	
全齿高	h	$h=h_a+h_f=(2h_a^*+c^*)$	
分度圆直径	d	$d_1=mq$	$d_2=mz_2$
齿顶圆直径	d_a	$d_{a1}=d_1+2h_a$	$d_{a2}=d_2+2h_a$
齿根圆直径	d_f	$d_{f1}=d_1-2h_f$	$d_{f2}=d_2-2h_f$
蜗杆导程角	λ	$\lambda=\arctan(mz_1/d_1)$	
蜗轮螺旋角	β		$\beta=\lambda$
中心距	a	$a(d_1+d_2)/2$	

3.蜗杆蜗轮运动方向的判定

如图 7.31 所示,蜗杆、蜗轮螺旋线方向判别同螺纹。运动方向的判定采用左右手法则:右旋用右手,左旋用左手。拇指与食指垂直,四指握拳方向为蜗杆转动方向,则拇指指向的反方向为啮合点蜗轮速度方向。

4.蜗杆传动的正确啮合条件

在中间平面内,蜗杆与蜗轮传动相当于齿轮与齿条传动,所以蜗杆蜗轮传动的正确啮合

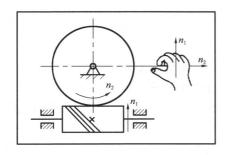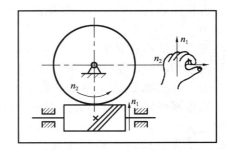

图 7.31 蜗轮转向判别

条件为:在中间平面内蜗杆的模数 m_{x1} 和压力角 α_{x1} 与蜗轮的端面模数 m_{t2} 和压力角 α_{t2} 分别相等。即

$$m_{x1} = m_{t2}$$
$$\alpha_{x1} = \alpha_{t2}$$
$$\gamma_1 = \beta_2 (旋向相同)$$

5.蜗杆传动的失效形式及材料

1)失效形式

和齿轮传动一样,蜗杆传动的失效形式主要有:胶合、磨损、疲劳点蚀和轮齿折断等。由于蜗杆传动啮合面间的相对滑动速度较大,效率低,发热量大,在润滑和散热不良时,胶合和磨损为主要失效形式。

2)蜗杆和蜗轮材料

由失效形式知道,蜗杆、蜗轮的材料不仅要求有足够的强度,更重要的是具有良好的磨合(跑合)性、减摩性、耐磨性和抗胶合能力等。

蜗杆一般是用碳钢或合金钢制成:一般不太重要的低速中载的蜗杆,可采用 40 钢、45 钢,并经调质处理。高速重载蜗杆常用 15Cr 或 20Cr、20CrMnTi 等,并经渗碳淬火。

蜗轮材料为铸造锡青铜(ZCuSn10P1,ZCuSn5Pb5Zn5),铸造铝铁青铜(ZCuAl1010Fe3)及灰铸铁(HT150、HT200)等。锡青铜耐磨性最好,但价格较高,用于滑动速度大于 3 m/s 的重要传动;铝铁青铜的耐磨性较锡青铜差一些,但价格便宜,一般用于滑动速度小于 4 m/s 的传动;如果滑动速度不高(小于 2 m/s),对效率要求也不高时,可以采用灰铸铁。

6. 蜗杆传动的特点

与齿轮传动相比较,蜗杆传动具有传动比大,在动力传递中传动比在 8～100 范围内,在分度机构中传动比可以达到 1 000;传动平稳、噪声低;结构紧凑;在一定条件下可以实现自锁等优点而得到广泛使用。效率低,发热量大,应随时注意周围的通风散热条件是否良好,若散热条件不好,采取散热措施。

7.7 综合测试

一、填空题

1.齿轮传动与带传动、链传动、摩擦传动相比,具有功率范围_____,传动效率_____,传动比_____,使用寿命_____等一系列特点,所以应用广泛。

2.齿轮传动的传动比,指主动轮与从动轮的_____之比,与齿数成_____比,用公式表示为_____。

3. 齿轮传动获得广泛应用的原因是能保证瞬时传动比_____,工作可靠性_____,传递运动_____等。

4. 渐开线的形状取决于_____的大小。

5. 齿数相同的齿轮,模数越大,齿轮尺寸_____,轮齿承载能力_____。

6. 国家标准规定:渐开线圆柱齿轮分度圆上的齿形角等于_____。

7. 直齿圆柱齿轮正确啮合条件是:两齿轮的模数必须_____;两齿轮分度圆上的压力角必须_____。

8. 为了保证齿轮传动的连续性,必须在前一对轮齿_____啮合,后继的一对轮齿_____啮合状态。

9. 斜齿圆柱齿轮比直齿圆柱齿轮承载能力_____,传动平稳性_____,工作寿命_____。

10. 一对外啮合斜齿圆柱齿轮的正确啮合条件为:两齿轮_____模数相等,_____压力角相等,螺旋角_____,螺旋方向_____。

11. 齿轮齿条传动的主要目的是将齿轮的_____运动转变为齿条的_____运动。

12. 斜齿圆柱齿轮螺旋角 β 越大,轮齿倾斜程度越_____,传动平稳性越_____,但轴向力也越_____。

13. 在蜗杆传动中,蜗杆导程角的大小直接影响蜗杆传动_____。

14. 在分度机构中常用_____头蜗杆,在传递功率较大时常用_____头蜗杆。

15. 蜗杆传动的主要特点有_____、_____和_____、_____,以及能得到很大的_____等。

二、选择题

1. 齿轮传动能保证准确的(　　),所以传动平稳、工作可靠性高。

A. 平均传动比　　　　　　B. 瞬时传动比　　　　　C. 传动比

2. 渐开线齿轮是以(　　)作为齿廓的齿轮。

A. 同一基圆上产生的两条反向渐开线

B. 任意两条反向渐开线

C. 必须是两个基圆半径不同所产生的两条反向渐开线

3. 当基圆半径趋于无穷大时,渐开线形状(　　)。

A. 越弯曲　　　　　　　　B. 越平直　　　　　　　C. 不变

4. 一对渐开线齿轮制造好后,实际中心距与标准中心距稍有变化时,仍能够保证恒定的传动比,这个性质称为(　　)。

A. 传动的连续性　　　　　B. 传动的可分离性　　　C. 传动的平稳性

5. 标准中心距条件下啮合的一对标准齿轮,其节圆直径等于(　　)。

A. 基圆直径　　　　　　　B. 分度圆直径　　　　　C. 齿顶圆直径

6. 一对标准直齿圆柱齿轮,实际中心距比标准中心距略小时,不变化的是(　　)。

A. 节圆直径　　　　　　　B. 啮合角　　　　　　　C. 瞬时传动比

7. 标准直齿圆柱齿轮的分度圆齿厚(　　)齿槽宽。

A. 等于　　　　　　　　　B. 大于　　　　　　　　C. 小于

8. 标准齿轮分度圆上的压力角(　　)。

A. $>20°$　　　　　　　　B. $<20°$　　　　　　　C. $=20°$

9. 对于标准齿轮,正常齿齿顶高系数 h_a^* 等于(　　)。

A.0.25　　　　　　　　　　B.0.75　　　　　　　　　　C.1

10.一对标准直齿圆柱齿轮正确啮合,两齿轮的模数(　　　),两齿轮的分度圆上压力角
(　　　)。

　　A.相等　不相等　　　　　B.不相等　相等　　　　　C.相等　相等

11.(　　　)具有承载能力大、传动平稳、使用寿命长等特点。

　　A.斜齿圆柱齿轮　　　　　B.直齿圆柱齿轮　　　　　C.圆锥齿轮

12.国家标准规定,斜齿圆柱齿轮的(　　　)模数和齿形角为标准值。

　　A.法面　　　　　　　　　B.端面　　　　　　　　　C.法面和端面

13.国家标准规定,直齿圆锥齿轮(　　　)处的参数为标准参数。

　　A.小端　　　　　　　　　B.大端　　　　　　　　　C.中间平面

14.斜齿轮传动时,其轮齿啮合线先(　　　),再(　　　)。

　　A.由短变长　　　　　　　B.由长变短　　　　　　　C.不变

15.在直齿圆锥齿轮中,为了便于(　　　),规定以大端的参数作为标准参数。

　　A.计算　　　　　　　　　B.测量　　　　　　　　　C.加工

16.斜齿圆柱齿轮的端面用(　　　)作标记,法面用(　　　)作标记。

　　A.x　　　　　　　　　　B.n　　　　　　　　　　C.t

17.以下各齿轮传动中,不会产生轴向力的是(　　　)。

　　A.直齿圆柱齿轮　　　　　B.斜齿圆柱齿轮　　　　　C.直齿圆锥齿轮

18.在(　　　)齿轮传动中,容易发生齿面磨损。

　　A.开式　　　　　　　　　B.闭式　　　　　　　　　C.开式与闭式

19.在圆柱蜗杆传动中,(　　　)由于加工和测量方便,所以应用广泛。

　　A.阿基米德蜗杆　　　　　B.渐开线蜗杆　　　　　　C.法向直廓蜗杆

20.蜗杆传动中,蜗杆与蜗轮轴线在空间一般交错呈(　　　)。

　　A.30°　　　　　　　　　B.60°　　　　　　　　　C.90°

21.在中间平面内,阿基米德蜗杆传动相当于(　　　)的传动。

　　A.齿轮和齿条　　　　　　B.丝杠和螺母　　　　　　C.斜齿轮

22.在生产中,为使加工蜗轮的刀具标准化,限制滚刀数目,国家规定了(　　　)。

　　A.蜗杆直径系数　　　　　B.模数　　　　　　　　　C.导程角

23.与齿轮传动相比,蜗杆传动具有(　　　)等优点。

　　A.传递功率大、效率高　　B.材料便宜、互换性好　　C.传动比大、平稳无噪声

24.蜗杆传动因为齿间发热量较大,所以(　　　)常用减摩材料制造,以减小磨损。

　　A.蜗杆　　　　　　　　　B.蜗轮　　　　　　　　　C.蜗杆和蜗轮

25.蜗杆传动常用于(　　　)。

　　A.等速传动　　　　　　　B.增速传动　　　　　　　C.减速传动

26.单级传动比大且准确的传动是(　　　)。

　　A.齿轮传动　　　　　　　B.链传动　　　　　　　　C.蜗杆传动

三、判断题(在括号中,正确画"√",错误画"×")

1.齿轮传动的瞬时传动比恒定、工作可靠性高,所以应用广泛。　　　　　　　　(　　　)

2.因渐开线齿轮能够保证传动比恒定,所以齿轮传动常用于传动比要求准确的场合。
　　　　　　　　　　　　　　　　　　　　　　　　　　　　　　　　　　(　　　)

3.当模数一定时,齿轮的几何尺寸与齿数无关。　　　　　　　　　　　　　　(　　　)

4. 模数反映了齿轮轮齿的大小,齿数相等的齿轮,模数越大,齿轮承载能力越强。 （　　）

5. 一对外啮合斜齿圆柱齿轮传动时,两齿轮螺旋角大小相等、旋向相同。 （　　）

6. 斜齿圆柱齿轮的螺旋角越大,传动平稳性就越差。 （　　）

7. 斜齿圆柱齿轮可以作为滑移齿轮。 （　　）

8. 齿条齿廓上各点的齿形角均相等,都等于标准值 20°。 （　　）

9. 斜齿圆柱齿轮传动适用于高速重载的场合。 （　　）

10. 直齿圆锥齿轮两轴间的交角可以是任意的。 （　　）

11. 齿轮传动的失效,主要是轮齿的失效。 （　　）

12. 点蚀多发生在靠近节线的齿根面上。 （　　）

13. 适当提高齿面硬度,可以有效地防止或减缓齿面点蚀、齿面磨损、齿面胶合和轮齿折断导致的失效。 （　　）

14. 轮齿发生点蚀后,会造成齿轮传动的不平稳和产生噪声。 （　　）

15. 蜗杆传动中,一般蜗轮为主动件,蜗杆为从动件。 （　　）

16. 蜗杆传动的标准模数为蜗杆的轴面模数和蜗轮的端面模数。 （　　）

17. 蜗杆传动常用于减速装置中。 （　　）

18. 在同一条件下,多头蜗杆与单头蜗杆相比,其传动效率高。 （　　）

19. 蜗杆传动可实现自锁,能起安全保护作用。 （　　）

四、简述题

1. 渐开线是怎样形成的? 有哪些性质?

2. 直齿圆柱齿轮的参数有哪些? 正确啮合条件是什么?

3. 分析起重设备中的提升机构常采用蜗杆传动的原因。

4. 简述采用蜗杆传动的场合。

5. 简述斜齿圆柱齿轮的正确啮合条件。

6. 什么是斜齿圆柱齿轮的当量齿轮? 当量齿轮有何作用?

五、计算题

1. 一对外啮合标准直齿圆柱齿轮,主动轮转速 $n_1 = 1\ 500$ r/min,从动轮转速 $n_2 = 500$ r/min,两轮齿数之和$(z_1 + z_2)$为 120,模数 $m = 4$ mm。求:z_1、z_2 和中心距以 a。

2. 某工人进行技术革新,找到两个标准直齿圆柱齿轮,测得小齿轮齿顶圆直径为 115 mm,因大齿轮太大,只测出其齿高为 11.25 mm,两齿轮的齿数分别为 21 和 98。试判断两齿轮是否可以正确啮合。

3. 一对齿轮传动,主动齿轮齿数 $z_1 = 20$,从动齿轮齿数 $z_2 = 50$,主动齿轮转速 $n_1 = 1\ 000$ r/min。试计算传动比 i 和从动齿轮转速 n_2。

4. 一对标准斜齿圆柱齿轮传动,传动比 $i = 3.5$,$z_1 = 18$,法向模数 $m_n = 2$ mm,中心距为 90 mm。试计算这对齿轮的螺旋角,并计算出从动轮的分度圆直径、齿顶圆直径、齿根圆直径和当量齿数。

模块三 连 接

为了便于机器的制造、安装、运输、维修,以及提高劳动生产率等,广泛地使用各种连接。因此必须熟悉各种机器中常用的连接方法及有关连接零件的结构、类型、性能与适用场合。

机械连接有两大类:一类是机器工作时,被连接的零(部)件间可以有相对运动的连接,称为机械动连接,如各种运动副;另一类则是在机器工作时,被连接的零(部)件间不允许产生相对运动的连接,称为机械静连接,这是本篇所要讨论的内容。在机器制造中,连接实际上也指机械静连接。

机械静连接又分为可拆连接和不可拆连接。可拆连接是不需要损坏连接中的任一零件就可拆开的连接,故多次装拆无损于其使用性能。常见的有螺纹连接、键连接及销钉连接。不可拆连接是必须至少毁坏连接中某一部分才能拆开的连接,常见的有铆钉连接、焊接等。

螺纹连接和螺旋传动

【实际问题】

在实际生活中经常见到螺纹连接和螺旋传动,那么其工作原理是什么？有哪些类型？应用在什么地方？

【学习目标】

(1)掌握常用螺纹的类型、特点和应用。

(2)掌握螺纹连接的主要形式及应用。

(3)熟悉螺纹连接的防松方法。

(4)掌握螺旋传动的类型和应用。

【教学内容】

8.1 螺纹基础知识

8.1.1 螺纹的形成、类型与参数

1.螺纹的形成

把一锐角为ψ的直角三角形绕到一直径为d的圆柱体上,绕时底边与圆柱底边重合,则斜边就在圆柱体上形成一条空间螺旋线。

如用一个平面图形K(如矩形),使其一边与圆柱母线重合,沿螺旋线运动并使K平面始终通过圆柱体轴线,这样就构成了矩形螺纹,如图8.1所示。

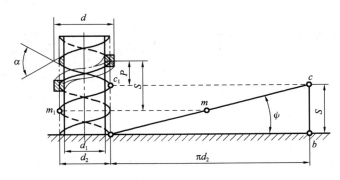

图 8.1　螺纹的形成

2. 螺纹的类型

螺纹在机械中的应用主要有连接和传动,因此,按其用途可分为连接螺纹和传动螺纹。

螺纹按螺旋线数可分为单线、双线螺纹和多线螺纹,如图 8.2(a)所示。连接螺纹要求自锁,一般用单线;传动螺旋要求传动效率高,多用双线螺纹或三线螺纹。

螺纹按旋向可分为左旋螺纹和右旋螺纹。将螺纹体的轴线垂直于地面,螺纹体上螺旋线的可见部分自左向右上升的为右旋,反之为左旋,如图所示 8.2(b)所示。常用为右旋螺纹。

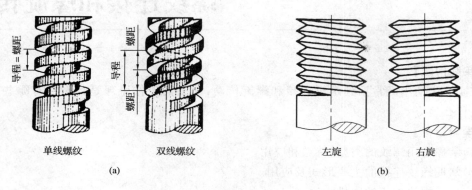

图 8.2 螺纹类型

在通过螺纹轴线的剖面上,螺纹的轮廓形状称为螺纹牙型。按牙型不同,螺纹分为三角形螺纹、矩形螺纹、梯形螺纹和锯齿形螺纹,如图 8.3 所示。

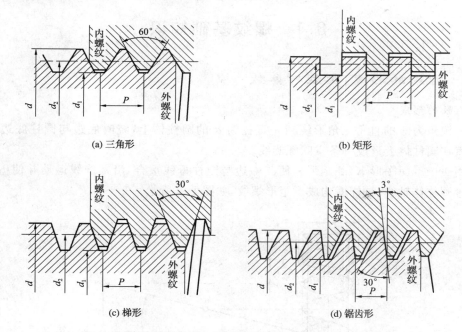

图 8.3 螺纹的牙型

3. 螺纹的主要参数

以图 8.4 所示的圆柱普通螺纹为例说明螺纹的主要几何参数。

大径 $d(D)$:螺纹的最大直径,在标准中也称为公称直径。

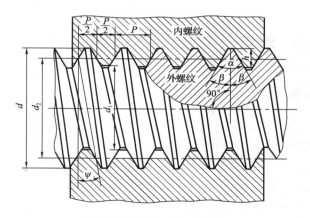

图 8.4　圆柱螺纹的主要参数

小径 $d_1(D_1)$:螺纹的最小直径。

中径 d_2:在轴向剖面内牙厚与牙间宽相等处的假想圆柱体的直径,近似等于螺纹的平均直径,$d_2 \approx 0.5(d+d_1)$。

螺距 P:相邻两牙在中径圆柱体的母线上对应两点间的轴向距离。

导程(S):同一螺旋线上相邻两牙在中径圆柱体的母线上的对应两点间的轴向距离。

线数 n:螺纹螺旋线数目,一般为便于制造 $n \leqslant 4$。

导程、螺距、线数之间关系:$S = nP$。

螺旋升角 ψ:中径圆柱上,螺旋线的切线与垂直于螺纹轴线的平面的夹角。

牙型角 α:螺纹牙型两侧边的夹角。

8.1.2　常用螺纹特点及应用

1.普通螺纹

三角形螺纹牙型角为 $60°$,可以分为粗牙和细牙,粗牙用于一般连接;与粗牙螺纹相比,细牙由于在相同公称直径时,螺距小,螺纹深度浅,导程和升角也小,自锁性能好,宜用于薄壁零件和微调装置。普通螺纹同一公称直径有几个螺距,最大螺距即为粗牙,其余为细牙。

2.管螺纹

多用于有紧密性要求的管件连接,牙型角为 $55°$,公称直径近似于管子内径,属于细牙三角螺纹。

3.梯形螺纹

螺纹牙型为等腰梯形,牙型角为 $30°$,牙根强度高,螺旋副对中性好,加工工艺性好,广泛地应用于传递动力或运动的螺旋机构中,如车床传动丝杠。与矩形螺纹相比,传动效率略低。

4.锯齿型螺纹

两侧牙型角分别为 $3°$ 和 $30°$:$3°$ 的一侧用来承受载荷,可得到较高效率;$30°$ 一侧用来增加牙根强度。适用于单向受载的传动螺纹,如螺旋压力机。

5.矩形螺纹

牙型角为 $0°$,传动效率高于其他螺纹,加工工艺性不好,对中性差,用作传力螺纹,如螺旋千斤顶等。

8.2 螺纹连接的基本类型、预紧和防松

8.2.1 螺纹连接的基本类型

1.螺栓连接

有普通螺栓连接和铰制孔螺栓连接两种。

1)普通螺栓连接

被连接件不太厚,在被连接件上加工出通孔不带螺纹,螺杆穿过通孔用螺母拧紧。装配后孔与杆间有间隙,并在工作中不许消失,如图 8.5(a)所示。这种连接的特点是无需在被连接件上切制螺纹,不受被连接件材料限制,结构简单,装拆方便,可多次装拆,应用较广;可传递轴向和横向载荷。

2)铰制孔螺栓连接

如图 8.5(b)所示,被连接件上的孔(需铰削加工)与螺栓的光杆部分多采用基轴制过渡配合,螺栓杆受剪切与挤压。这种连接多用于承受较大横向载荷,在横向载荷相同情况下,铰制孔螺栓连接比普通螺栓连接尺寸要小。

螺栓连接要求两被连接件不能太厚,当其中之一过厚时应采用双头螺栓连接或螺钉连接。

2.双头螺柱连接

如图 8.6 所示,螺杆两端均有螺纹,装配时一端旋入被连接件,另一端用螺母拧紧。用于被连接件之一较厚,需经常拆卸场合。拆装时只需拆螺母,而不需双头螺栓从被连接件中拧出。

3.螺钉连接

如图 8.7 所示,将双头螺栓连接中的双头螺栓换成螺钉称为螺钉连接。用于被连接件较厚,不需经常装拆,受力不大的场合。

4.紧定螺钉连接

如图 8.8 所示,紧定螺钉头部具有一定形状。被连接件一个加工出螺纹通孔,另一个在表面上加工出与螺钉头部相同形状的孔。拧入后,利用螺钉头部顶住另一零件表面或旋入零件相应的缺口中以固定零件的相对位置,可传递不大的轴向力或扭矩。

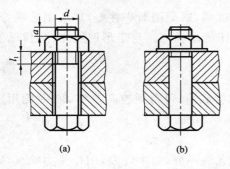

(a)　　　　(b)

图 8.5　螺栓连接

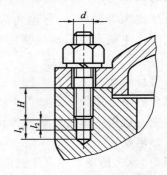

图 8.6　双头螺栓连接

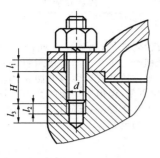

图 8.7 螺钉连接

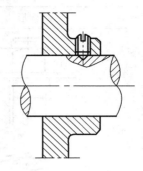

图 8.8 紧定螺钉连接

8.2.2 螺纹连接件

常用的螺纹连接件有螺栓、双头螺柱、螺钉、紧定螺钉、螺母、垫圈等。这些零件的结构形式和尺寸多已标准化,可根据有关标准选用。

8.2.3 螺纹连接的预紧及防松

1.螺纹连接的预紧

在零件未受工作载荷前需要将螺母拧紧,使组成连接的所有零件都产生一定的弹性变形(螺栓伸长、被连接件压缩),从而可以有效地保证连接的可靠。这样,各零件在承受工作载荷前就受到了力的作用,如图 8.5(a)所示,被连接件受压,螺杆受拉,这种方式就称为预紧,这个预加的作用力就称为预紧力。对于重要的螺栓连接,在装配时需要控制预紧力大小,可用测力矩或定力矩扳手控制。

2.螺纹连接的防松

一般来说,连接螺纹具有一定的自锁性,不会松脱。但在冲击、振动、变载荷作用下,或温度变化比较大时,螺纹连接就会逐渐松脱,引起连接失效。因此,必须采取有效的措施防止松脱。

螺纹防松的根本问题在于要防止螺旋副的相对转动。常用的防松方法有三种:摩擦防松、机械防松和永久防松。防松的方法见表 8.1。

表 8.1　　　　　　　　　　　常用的防松方法

防松方法		结构形式	特点和应用
摩擦防松	对顶螺母	上螺母 螺栓 下螺母	两螺母对顶拧紧后,使旋合螺纹间始终受到附加的压力和摩擦力的作用,工作载荷有变动时,该摩擦力仍然存在。旋合螺纹间的接触情况如图所示,下螺母螺纹牙受力较小,其高度可小些,但为防止装错,两螺母的高度取成相等为宜。结构简单,适用于平稳、低速和重载的固定装置上的连接

（续表）

防松方法		结构形式	特点和应用
摩擦防松	弹簧垫圈		螺母拧紧后，靠垫圈压平而产生的弹性反力使旋合螺纹间压紧。同时垫圈斜口的尖端抵住螺母与被连接的支撑面也有防松作用。结构简单，使用方便，但由于垫圈的弹力不均，在冲击、振动的工作条件下，其防松效果较差，一般用于不甚重要的连接
	自锁螺母		螺母一端制成非圆形收口或开缝后径向收口，当螺母拧紧后收口张开，利用收口的弹力使旋合螺纹间压紧。结构简单，防松可靠，可多次装拆而不降低防松性能
机械防松	开口销与六角开槽螺母		六角开槽螺母拧紧后将开口销穿入螺栓尾部小孔和螺母的槽内，并将开口销尾部掰开与螺母侧面贴紧，也可用普通螺栓代替六角开槽螺母，但需拧紧螺母后再配钻销孔。适用于较大冲击、振动的高速机械中运动部件的连接
	止动垫圈		螺母拧紧后，将单耳或双耳止动垫圈分别向螺母和被连接件的侧面折弯贴紧，即可将螺母锁住。若两个螺栓需要双联锁紧时，可采用双连止动垫圈，使两个螺母相互制动，结构简单、使用方便、防松可靠
	串连钢丝	(a) 正确 (b) 不正确	用低碳钢丝穿入各螺钉头部的孔内，将各螺钉串连起来，使其相互制动，使用时必须注意钢丝的穿入方向。适用于螺钉组连接，防松可靠，但装拆不便

（续表）

防松方法		结构形式	特点和应用
铆冲防松	端铆		螺母拧紧后，把螺栓末端伸出部分铆死。防松可靠，但拆卸后连接件不能重复使用，适用于不需拆卸的特殊连接
	冲点		螺母拧紧后，利用冲头在螺栓末端与螺母的旋合缝处打冲。利用冲点防松，防松可靠，但拆卸后连接件不能重复使用。适用于不需拆卸的特殊连接

8.3　螺旋传动的应用形式

螺旋运动是构件的一种空间运动。组成运动副的两构件只能沿轴线作相对螺旋运动的运动副称为螺旋副。螺旋副是面接触的低副。

螺旋传动是利用螺旋副来传递运动和动力的一种机械传动，可以方便地把主动件的回转运动转变为从动件的直线运动。

与其他将回转运动转变为直线运动传动装置（如曲柄滑块机构）相比，螺旋传动具有结构简单，工作连续、平稳，承载能力大，传动精度高等优点，因此广泛应用于各种机械和仪器中。它的缺点是摩擦损失大，传动效率较低；但滚动螺旋传动的应用，已使螺旋传动摩擦大、易磨损和效率低的缺点得到了很大程度的改善。

常用的螺旋传动有普通螺旋传动、差动螺旋传动和滚珠螺旋传动等。

8.3.1　普通螺旋传动

由构件螺杆和螺母组成的简单螺旋副实现的传动是普通螺旋传动。

1. 普通螺旋传动的应用形式

（1）螺母固定不动，螺杆回转并作直线运动。图 8.9 所示为螺杆回转并作直线运动的台虎钳。与活动钳口 2 组成转动副的螺杆 1 以右旋单线螺纹与螺母 4 啮合组成螺旋副。螺母 4 与固定钳口 3 连接。当螺杆按图示方向相对螺母 4 作回转运动时，螺杆连同活动钳口向右作直线运动（简称右移），与固定钳口实现对工件的夹紧；当螺杆反向回转时，活动钳口随螺杆左移，松开工件。通过螺旋传动，完成工件的夹紧与松开。

螺母不动，螺杆回转并移动的形式，通常应用于螺旋压力机、千分尺等。

（2）螺杆固定不动螺母回转并作直线运动。图 8.10 所示为螺旋千斤顶中的一种结构形式，螺杆 4 连接于底座固定不动，转动手柄 3 使螺母 2 回转并作上升或下降的直线运动，从而举起或放下托盘1。

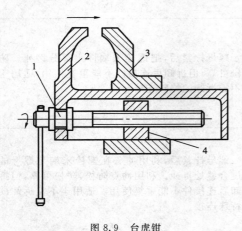

图 8.9 台虎钳

1—螺杆；2—活动钳口；3—固定钳口；4—螺母

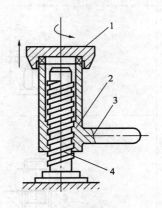

图 8.10 螺旋千斤顶

1—托盘；2—螺母；3—手柄；4—螺杆

螺杆不动，螺母回转并作直线运动的形式常用于插齿机刀架传动等。

（3）螺杆回转螺母作直线运动。图 8.11 所示为螺杆回转、螺母作直线运动的传动结构图。螺杆 1 与机架 3 组成转动副，螺母 2 与螺杆以左旋螺纹啮合并与工作台 4 连接。当转动手轮使螺杆按图示方向回转时，螺母带动工作台沿机架的导轨向右作直线运动。

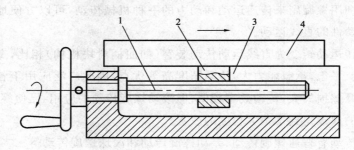

图 8.11 机床工作台移动机构

1—螺杆；2—螺母；3—机架；4—工作台

螺杆回转、螺母作直线运动的形式应用较广，如机床的滑板移动机构等。

（4）螺母回转螺杆作直线运动。图 8.12 所示为应力试验机上的观察镜螺旋调整装置。螺杆 2、螺母 3 为左旋螺旋副。当螺母按图示方向回转时，螺杆带动观察镜 1 向上运动；螺母反向回转时，螺杆连同观察镜向下移动。

2. 直线运动方向的判定

普通螺旋传动时，从动件作直线运动的方向（移动方向）不仅与螺纹的回转方向有关，还与螺纹的旋向有关。正确判定螺杆或螺母的移动方向十分重要。判定方法如下：

（1）右旋螺纹用右手，左旋螺纹用左手。手握空拳，四指指向与螺杆（或螺母）回转方向相同，大拇指与食指垂直。

（2）若螺杆（或螺母）回转并移动，螺母（或螺杆）不动，则大拇指指向即为螺杆（或螺母）

的移动方向(图 8.13)。

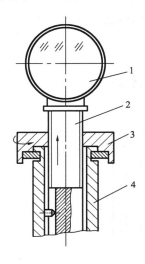

图 8.12 观察镜

1—观察镜;2—螺杆;3—螺母;4—机架

右旋螺纹

图 8.13 螺杆或螺母移动方向的判定

(3)若螺杆(或螺母)回转,螺母(或螺杆)移动,则大拇指指向的相反方向即为螺母(或螺杆)的移动方向。图 8.14 所示为卧式车床床鞍的丝杠螺母传动机构。丝杠为右旋螺杆,当丝杠如图示方向回转时,开合螺母带动床鞍向左移动。

3.直线运动距离

在普通螺旋传动中,螺杆(或螺母)的移动距离与螺纹的导程有关。螺杆相对螺母每回转一圈,螺杆(或螺母)移动一个导程的距离。因此,移动距离等于回转圈数与导程的乘积,即

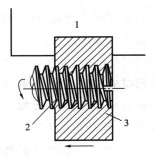

图 8.14 卧式车床床鞍的螺旋传动

1—床鞍;2—丝杠;3—开合螺母

$$L = NS$$

式中,L 为螺杆(或螺母)的移动距离,单位是 mm;N 为回转圈数;S 为螺纹导程,单位是 mm。

移动速度可按下式计算

$$v = nS$$

式中,v 为螺杆(或螺母)的移动速度,单位是 mm/min;n 为转速,单位是 r/min。

8.3.2 差动螺旋传动

由两个螺旋副组成的使活动的螺母与螺杆产生差动(即不一致)的螺旋传动称为差动螺旋传动。

1.差动螺旋传动原理

图 8.15 所示为一差动螺旋机构。螺杆 1 分别与活动螺母 2 和机架 3 组成两个螺旋副,

机架上为固定螺母(不能移动),活动螺母不能回转而只能沿机架的导向槽移动。设机架和活动螺母的旋向同为右旋,当如图示方向回转螺杆时,螺杆相对机架向左移动,而活动螺母相对螺杆向右移动,这样活动螺母相对机架实现差动移动,螺杆每转 1 转,活动螺母实际移动距离为两段螺纹导程之差。如果机架上螺母螺纹旋向仍为右旋,活动螺母的螺纹旋向为左旋,则如图示回转螺杆时,螺杆相对机架左移,活动螺母相对螺杆向左移,螺杆每转 1 转,活动螺母实际移动距离为两段螺纹的导程之和。

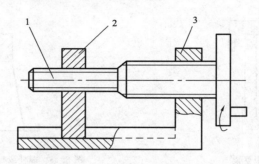

图 8.15 差动螺旋传动原理

1—螺杆;2—活动螺母;3—机架

2. 差动螺旋传动的移动距离和方向的确定

由上面分析可知,在图 8.15 所示差动螺旋机构中:

(1)螺杆上两螺纹旋向相同时,活动螺母移动距离减小。当机架上固定螺母的导程大于活动螺母的导程时,活动螺母移动方向与螺杆移动方向相同;当机架上固定螺母的导程小于活动螺母的导程时,活动螺母移动方向与螺杆移动方向相反;当两螺纹的导程相等时,活动螺母不动(移动距离为零)。

(2)螺杆上两螺纹旋向相反时,活动螺母移动距离增大。活动螺母移动方向与螺杆移动方向相同。

(3)在判定差动螺旋传动中活动螺母的移动方向时,应先确定螺杆的移动方向。

差动螺旋传动中活动螺母的实际移动距离和方向,可用公式表示如下:

$$L = N(S_1 \pm S_2)$$

式中,L 为活动螺母的实际移动距离;N 为螺杆的回转圈数;S_1 为机架上固定螺母的导程;S_2 为活动螺母的导程。

当两螺纹旋向相反时,公式中用"+"号;当两螺纹旋向相同时,公式中用"−"号。计算结果为正值时,活动螺母实际移动方向与螺杆移动方向相同;计算结果为负值时,活动螺母实际移动方向与螺杆移动方向相反。

例 8.1 在图 8.15 中,固定螺母的导程 $S_1 = 1.5$ mm,活动螺母的导程 $S_2 = 2$ mm,螺纹均为左旋。则当螺杆回转 0.5 转时,活动螺母的移动距离是多少? 移动方向如何?

解 螺纹为左旋,用左手判定螺杆向右移动。

因为两螺纹旋向相同,活动螺母移动距离

$$L = N(S_1 - S_2) = 0.5 \times (1.5 \text{ mm} - 2 \text{ mm}) = -0.25 \text{ mm}$$

计算结果为负值,活动螺母移动方向与螺杆移动方向相反,即向左移动了 0.25 mm。

3.差动螺旋传动的应用实例

差动螺旋传动机构可以产生极小的位移,而其螺纹的导程并不需要很小,加工较容易。所以差动螺旋传动机构常用于测微器、计算机、分度机及诸多精密切削机床、仪器和工具中。图 8.16 所示是应用于微调镗刀上的差动螺旋传动实例。螺杆 1 在 Ⅰ 和 Ⅱ 两处均为右旋螺纹,刀套 3 固定在镗杆 2 上,镗刀 4 在刀套中不能回转,只能移动。当螺杆回转时,可使镗刀得到微量移动。设固定螺母螺纹(刀套)的导程 $S_1 = 1.5$ mm,活动螺母(镗刀)螺纹的导程 $S_2 = 1.25$ mm,则螺杆按图示方向回转 1 转时镗刀移动距 $L = N(S_1 - S_2) = 1 \times (1.5 \text{ mm} - 1.25 \text{ mm}) = +0.25$ mm(右移)。如果螺杆圆周按 100 等份刻线,螺杆每转过 1 格,镗刀的实际位移 $L = (1.5 \text{ mm} - 1.25 \text{ mm}) \div 100 = +0.002 5$ mm。由该例可知,差动螺旋传动可以方便地实现微量调节。

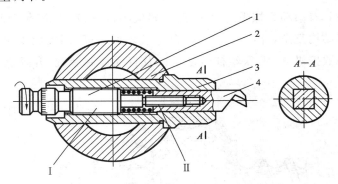

图 8.16　差动螺旋传动的微调镗刀
1—螺杆;2—镗杆;3—刀套;4—镗刀

图 8.17 所示为一种螺旋微调机构。手轮 4 与螺杆 3 固定连接,螺杆与机架 1 的内螺纹组成一螺旋副,导程为 S_1,螺杆以内螺纹与移动螺杆 2 组成另一螺旋副,导程为 S_2,移动螺杆在机架内只能沿导向键左右移动而不能转动。设两螺旋副均为右旋,且 $S_1 > S_2$,则如图示方向回转手轮时,螺杆右移,移动螺杆相对螺杆左移,移动螺杆的实际位移量 $L = N(S_1 - S_2)$(右移),手轮回转角度 ϕ(rad)时的移动螺杆的实际位移可按下式计算

$$L = \frac{\phi}{2\pi}(S_1 - S_2)$$

8.3.3　滚珠螺旋传动

在普通的螺旋传动中,由于螺杆与螺母的牙侧表面之间的相对运动摩擦是滑动摩擦,因此,传动阻力大,摩擦损失严重,效率低。为了改善螺旋传动的功能,经常用滚珠螺旋传动新技术(图 8.18),用滚动摩擦来代替滑动摩擦。

滚珠螺旋传动主要由滚珠 2、螺杆 3、螺母 4 及滚珠循环装置 1 组成。其工作原理是,在螺杆和螺母的螺纹管道中,装有一定数量的滚珠(钢球),当螺杆与螺母作相对螺旋运动时,滚珠在螺纹管道内滚动,并通过滚珠循环装置的通道构成封闭循环,从而实现螺杆与螺母间

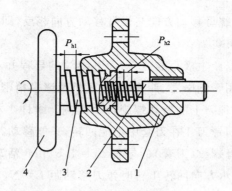

图 8.17　差动螺旋微调机构
1—机架；2—移动螺杆；3—螺杆；4—手轮

的滚动摩擦。

　　滚珠螺旋传动具有滚动摩擦阻力很小、摩擦损失小、传动效率高、传动时运动稳定、动作灵敏等优点。但其结构复杂，外形尺寸较大，制造技术要求高，因此成本也较高。目前主要应用于精密传动的数控机床（滚珠丝杠传动），以及自动控制装置、升降机构和精密测量仪器等。

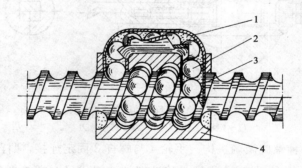

图 8.18　滚珠螺旋传动
1—滚珠循环装置；2—滚珠；3—螺杆；4—螺母

8.4　综合测试

一、填空题

　　1.螺纹传动是由_____和_____组成，主要用来将_____运动变换为_____运动，同时传递_____和_____。

　　2.根据螺纹牙型的不同，可分为_____、_____、_____和_____螺纹等。

　　3.管螺纹按其密封状态可分为_____管螺纹和_____管螺纹。

　　4.细牙螺纹适用于_____零件的连接和_____机构的调整。

　　5.普通螺纹的主要参数有_____、_____、_____和_____等。

　　6.螺旋传动具有_____、_____、_____和_____等优点，广泛应用于各种机械和仪器中。

7. 螺旋传动常用的类型有_____、_____和_____。

8. 滚珠螺旋传动主要由_____、_____、_____和_____组成。

二、选择题

1. 广泛应用于紧固连接的螺纹是(　　),而传动螺纹常用(　　)。

　A. 三角形螺纹　　　　　　B. 矩形螺纹　　　　　　C. 梯形螺纹

2. 普通螺纹指(　　)。

　A. 三角形螺纹　　　　　　B. 梯形螺纹　　　　　　C. 矩形螺纹

3. 普通螺纹的公称直径是指螺纹的(　　)。

　A. 大径　　　　　　　　　B. 中径　　　　　　　　C. 小径

4. 用螺纹密封管螺纹的外螺纹,其特征代号是(　　)。

　A. R　　　　　　　　　　B. RC　　　　　　　　　C. RP

5. 梯形螺纹广泛应用于(　　)中。

　A. 传动　　　　　　　　　B. 连接　　　　　　　　C. 微调机构

6. 同一公称直径的普通螺纹可以有多种螺距,其中,螺距(　　)的为粗牙螺纹。

　A. 最大　　　　　　　　　B. 中间　　　　　　　　C. 最小

7. 双线螺纹的导程等于螺距的(　　)倍。

　A. 2　　　　　　　　　　B. 1　　　　　　　　　　C. 0.5

8. 管螺纹为英制细牙螺纹,其公称直径近似为(　　)。

　A. 螺纹的小径　　　　　　B. 螺纹的大径　　　　　C. 管子的内孔直径

9. 用(　　)进行连接,不用填料即能保证连接的紧密性。

　A. 非螺纹密封管螺纹

　B. 螺纹密封管螺纹

　C. 非螺纹密封管螺纹和螺纹密封管螺纹

10. 台虎钳上螺杆螺纹采用的是(　　)。

　A. 三角形螺纹　　　　　　B. 锯齿形螺纹　　　　　C. 矩形螺纹

11. 一螺杆转螺母移的螺旋传动装置,螺杆为双线螺纹,导程为 12 mm,当螺杆转动两周后,螺母位移量为(　　)mm。

　A. 12　　　　　　　　　　B. 24　　　　　　　　　C. 48

12. 普通螺旋传动中,从动件直线移动方向与(　　)有关。

　A. 螺纹的回转方向

　B. 螺纹的旋向

　C. 螺纹的回转方向和螺纹的旋向

13. (　　)具有传动效率高、传动精度高、摩擦损失小、寿命长的优点。

　A. 普通螺旋传动　　　　　B. 滚珠螺旋传动　　　　C. 差动螺旋传动

14. (　　)多用于车辆转向机构及对传动精度要求较高的场合。

　A. 滚珠螺旋传动　　　　　B. 差动螺旋传动　　　　C. 普通螺旋传动

15.车床车鞍的移动采用了( )传动形式。

A.螺母固定不动,螺杆回转并作直线运动

B.螺杆固定不动,螺母回转并作直线运动

C.螺杆回转,螺母移动

16.观察镜的螺旋调整装置采用的是( )。

A.螺母固定不动,螺杆回转并作直线运动

B.螺母回转,螺杆作直线运动

C.螺杆回转,螺母移动

17.机床进给机构若采用双线螺纹,螺距为 4 mm,设螺杆转 4 周,则螺母(刀具)的位移量是( )mm。

A. 4   B. 16   C. 32

三、判断题(在括号中,正确画"√",错误画"×")

1.按用途不同,螺纹可分为连接螺纹和传动螺纹。   ( )

2.按螺旋线形成所在的表面,螺纹分为内螺纹和外螺纹。   ( )

3.顺时针方向旋入的螺纹为右旋螺纹。   ( )

4.普通螺纹的公称直径是指螺纹大径的基本尺寸。   ( )

5.相互旋合的内外螺纹,其旋向相同,公称直径相同。   ( )

6.所有的管螺纹连接都是依靠其螺纹本身来进行密封的。   ( )

7.连接螺纹大多采用多线三角形螺纹。   ( )

8.螺纹导程是指相邻两牙在中径线上对应两点间的轴向距离。   ( )

9.锯齿形螺纹广泛应用于单向螺旋传动中。   ( )

10.普通螺纹同一公称直径只能有一种螺距。   ( )

11.滚珠螺旋传动把滑动摩擦变成了滚动摩擦,具有传动效率高、传动精度高、工作寿命长,适用于传动精度要求较高的场合。   ( )

12.差动螺旋传动可以产生极小的位移,能方便地实现微量调节。   ( )

13.螺旋传动常将主动件的匀速直线运动转变为从动件的匀速回转运动。 ( )

14.在普通螺旋传动中,从动件的直线移动方向不仅与主动件转向有关,还与螺纹的旋向有关。   ( )

四、计算题

1.一普通螺旋传动机构,双线螺杆驱动螺母作直线运动,螺距为 6 mm。求:

(1)螺杆转两周时,螺母的移动距离为多少?

(2)螺杆转速为 25 r/min 时,螺母的移动速度为多少?

2.如图 8.19 所示差动螺旋传动,螺旋副 a:$S_2 = 2$ mm,左旋;螺旋副 b:$S_1 = 2.5$ mm,左旋。求:

(1)当螺杆按图示转向转动 0.5 周时,活动螺母 2 相对导轨移动多少距离?其方向如何?

（2）若螺旋副 b 改为右旋,当螺杆按图示转向转动 0.5 周时,活动螺母相对导轨移动多少距离？方向如何？

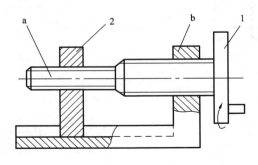

图 8.19 计算题 2 图

项目九

轴毂连接

【实际问题】
齿轮和轴之间是怎样连接的？有哪些类型连接？应用在什么地方？注意什么？
【学习目标】
(1)掌握键的类型、工作原理及应用。
(2)掌握销的类型、工作原理及应用。
【教学内容】

9.1 键连接的类型及应用

通过键将轴与轴上零件(齿轮、带轮、凸轮等)结合在一起，实现周向固定。常用的键连接类型有：平键连接、半圆键连接、楔键连接、切向键连接和花键连接等。

9.1.1 平键连接

如图 9.1(a)所示是平键连接，靠键与键槽的侧面挤压来传递运动和扭矩。因此键的两侧面为工作面，对中性好；而键的上表面和轮毂上的键槽底面留有间隙，以便装配。根据用途不同，平键分为普通平键、导向平键和滑键。

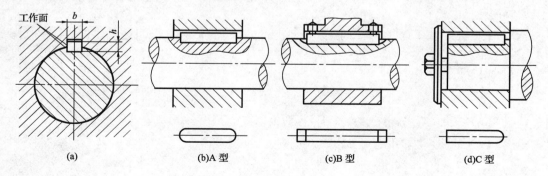

图 9.1 平键连接

1.普通平键

普通平键连接如图 9.1 所示。普通平键按键的端部形状不同可分为圆头、方头和单圆头，分别用 A 型、B 型和 C 型表示。键的形状不同，键槽的形状也不同。圆头普通平键放在轴上用键槽铣刀铣出的键槽中，不会发生轴向移动，因而应用最广，缺点是键槽端部应力集中较大,如图9.1(b)所示。方头平键是放在用锯片铣刀铣出的键槽中,因而避免了上述缺点,但对于尺寸大的键,将键用紧定螺钉压在轴上的键槽中,以防松动,如图9.1(c)所示。单圆头平键则常用于轴端与毂类零件的连接,如图9.1(d)所示。

键的尺寸类型如图9.2所示。

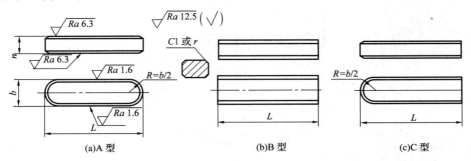

(a)A 型　　　　　　　　　　(b)B 型　　　　　　　　　(c)C 型

图 9.2 平键类型

平键是标准件,键的宽度 b 和键的高度 h 根据轴的直径由标准中选定,键的长度 L 比轮毂长度短 5~10 mm,且符合键长标准系列,见表9.1。

表 9.1　　　　　　　　　　　　　　键的尺寸　　　　　　　　　　　　　　mm

轴颈 d	>10~12	>12~17	>17~22	>22~30	>30~38	>38~44	>44~50
键宽 b	4	5	6	8	10	12	14
键高 h	4	5	6	7	8	8	9
键长 L	8~45	10~56	14~70	18~90	22~110	28~140	36~160
轴颈 d	>50~58	>58~65	>65~75	>75~85	>85~95	>95~110	>110~130
键宽 b	16	18	20	22	25	28	32
键高 h	10	11	12	14	14	16	18
键长 L	45~180	50~200	56~220	63~250	70~280	80~320	90~360

注:键的长度系列:8,10,12,14,16,18,20,22,25,28,32,36,40,45,50,63,70,80,90,100,110,125,140,160,180,200,220,250,280,320,360。

普通平键的标记形式为:

键型 键宽×键长 标准号

标记示例如下:

键 16×100　GB/T 1096—2003　表示键宽为 16 mm,键长为 100 mm 的 A 型普通平键(A 型普通平键的标注省略字母 A)。

键 B18×90　GB/T 1096—2003　表示键宽为 18 mm,键长为 90 mm 的 B 型普通平键。

键 C18×90　GB/T 1096—2003　表示键宽为 18 mm,键长为 90 mm 的 C 型普通平键。

普通平键用于静连接。当被连接的零件在工作过程中必须在轴上作轴向移动时,则需采用由导向平键或滑键组成的动连接。

2.导向平键、滑键

导向平键(图9.3)是一种较长的平键,为防止松动,通常用紧定螺钉固定在轴的键槽中,键与轮毂的键槽采用间隙配合,故轮毂可以沿键作轴向滑动。为便于拆卸,键上设有起键螺孔。当零件滑移的距离较大时,因所需导向键的长度过大,制造困难,故宜采用滑键(图9.4)。滑键固定在轮毂上,轮毂带动滑键在轴上的键槽中作轴向滑移。键长不受滑动距离的限制,只需在轴上铣出较长的键槽。

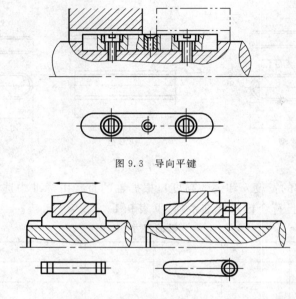

图 9.3 导向平键

图 9.4 滑键

3.半圆键连接

图 9.5 所示为半圆键连接,轴上键槽用尺寸与半圆键相同的半圆键铣刀铣出,因而键在槽中能绕其几何中心摆动以适应毂上键槽的倾斜度。半圆键用于静连接,其两侧面是工作面。其优点是工艺性好,缺点是轴上的键槽较深,对轴的强度影响较大,所以一般多用于轻载情况的锥形轴端连接。

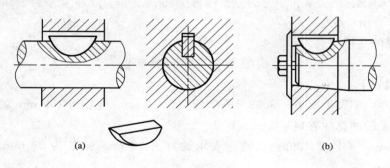

(a)   (b)

图 9.5 半圆键

9.1.2 楔键连接

图 9.6 所示为楔键连接,其特点是键的上下两面是工作面,键的上表面和轮毂键槽底部各有 1∶100 的斜度,可实现轴上零件的周向和轴向定位。工作时,主要靠键、轴和毂之间的摩擦力传递转矩。其缺点是楔紧后,轴和轮毂的配合产生偏心和倾斜。因此主要用于定心精度要求不高和低速的场合。

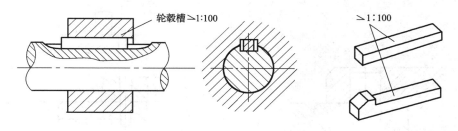

图 9.6　楔键

　　图 9.7 所示为切向键连接,是由一对楔键组成。切向键的上下两面为工作面,工作时,靠工作面上的挤压应力及轴与毂间的摩擦力来传递转矩。

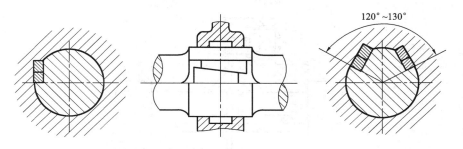

图 9.7　切向键

　　用一个切向键时只能传递单向转矩,当要传递双向转矩时,必须使用两个切向键,两个切向键之间的夹角为 $120°\sim130°$。

9.1.3　花键连接

　　图 9.8 所示为花键连接,是由具有多个沿周向均布的凸齿的外花键和有对应凹槽的内花键组成。齿的侧面是工作面。花键按其齿型分为矩形花键和渐开线花键两种。花键连接可用于静或动连接。由于是多齿传递载荷,所以承载能力高,连接定心精度也高,导向性好,故应用较广。但加工需要专用设备和工具,成本较高。

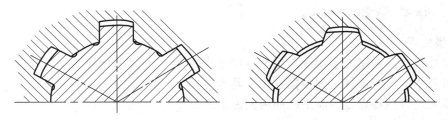

图 9.8　花键

9.2　销连接

　　销主要用来固定零件之间的相对位置(图 9.9),也用于轴与毂的连接(图 9.10),并可传递不大的载荷,还可作为安全装置中的过载剪断元件,称为安全销(图 9.11)。

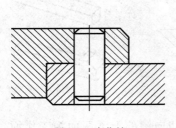

图 9.9　定位销

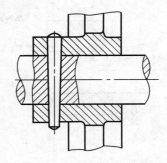

图 9.10　连接销

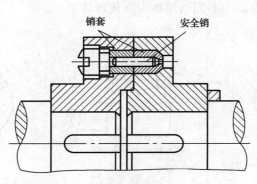

图 9.11　安全销

　　销按其外形可分为圆柱销、圆锥销及异形销等。圆柱销和圆锥销都是标准件。与圆柱销、圆锥销相配的被连接件孔均需铰制。对于圆柱销连接,因有微量过盈,故多次装拆后会降低定位精度和连接的紧固,只能传递不大的转矩。圆锥销的定位精度和可靠性较高,并且多次装拆不会影响定位精度,故可用于需经常装拆的场合。

9.3　综合测试

9.3.1　模块综合测试题

一、填空题

　　1.键连接主要是用来实现轴与轴上零件之间的_____,并传递_____和_____。

　　2.机器中零件与零件之间根据连接后是否可拆,分为_____连接和_____连接。

　　3.平键连接的特点是依靠平键的两侧面传递_____,因此键的_____是工作面,对中性_____。

　　4.在键 24×120 GB/T 1096—2003 的标记中,其为_____型的普通平键,24 表示_____,120 表示_____,GB/T 1096—2003 表示_____。

　　5.采用 A 型和 C 型普通平键时,轴上键槽一般用_____刀切制出。

　　6.在平键连接中,当轮毂需要在轴上沿轴向移动时可采用_____平键。

　　7.半圆键工作面是键的_____,可在轴上键槽中绕槽底圆弧_____,适用于锥形轴与轮毂的连接。

8. 花键连接多用于_____和要求_____的场合,尤其适用于经常_____的连接。

9. 销连接主要用于_____,既是组合加工和装配时的_____零件,还可以作为安全装置中的_____。

10. 销的基本类型有_____和_____等。

二、选择题

1. 在键连接中,(　　)的工作面是两个侧面。

A. 普通平键　　　　　　　　　B. 切向键　　　　　　　　　C. 楔键

2. 采用(　　)普通平键时,轴上键槽的切制用指状铣刀加工。

A. A 型　　　　　　　　　　　B. B 型　　　　　　　　　　C. A 型和 B 型

3. 一普通平键的标记为:键 12×80 GB/T 1096 2003。其中 12×80 表示(　　)。

A. 键高×键长　　　　　　　　B. 键宽×轴径　　　　　　　C. 键宽×键长

4. (　　)普通平键多用在轴的端部。

A. C 型　　　　　　　　　　　B. A 型　　　　　　　　　　C. B 型

5. 普通平键的键长 L 一般应比轮毂的长度(　　)。

A. 短 5～10 mm　　　　　　　B. 长 5～10 mm　　　　　　C. 长 1～4 mm

6. 普通平键的截面尺寸是根据(　　)来选择的。

A. 轴径尺寸　　　　　　　　　B. 相配轮毂的宽度　　　　　C. 传递力的大小

7. 键连接主要用于传递(　　)场合。

A. 拉力　　　　　　　　　　　B. 横向　　　　　　　　　　C. 扭矩

8. 在键连接中,对中性好的是(　　)。

A. 切向键　　　　　　　　　　B. 楔键　　　　　　　　　　C. 平键

9. 平键连接主要应用在轴与轮毂之间(　　)的场合。

A. 沿轴向固定并传递轴向力　　B. 沿周向固定并传递扭矩　　C. 安装与拆卸方便

10. (　　)花键形状简单、加工方便,应用较为广泛。

A. 矩形齿　　　　　　　　　　B. 渐开线　　　　　　　　　C. 三角形

11. 在键连接中,楔键(　　)轴向力。

A. 只能承受单方向　　　　　　B. 能承受双方向　　　　　　C. 不能承受

12. (　　)常用于轴上零件移动量不大的场合。

A. 普通平键　　　　　　　　　B. 导向键　　　　　　　　　C. 切向键

13. 定位销的数目一般为(　　)个。

A. 1　　　　　　　　　　　　B. 2　　　　　　　　　　　　C. 3

14. 下图所示圆锥销钉的三种连接安装方式,其中(　　)方式较为合理。

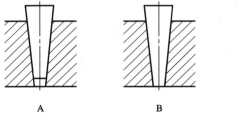

A　　　　　　　　　　B　　　　　　　　　　C

15.（   ）安装方便,定位精度高,可多次拆装。

A. 开口销   B. 圆锥销   C. 槽销

三、判断题(在括号中,正确画"√",错误画"×")

1. 普通平键、楔键、半圆键都是以其两侧面为工作面。   （   ）

2. 键连接具有结构简单、工作可靠、装拆方便和标准化等特点。   （   ）

3. 键连接属于不可拆连接。   （   ）

4. A 型键不会产生轴向移动,应用最为广泛。   （   ）

5. 普通平键键长 L 一般比轮毂的长度略长。   （   ）

6. C 型普通平键一般用于轴端。   （   ）

7. 采用 A 型普通平键时,轴上键槽通常用指状铣刀加工。   （   ）

8. 半圆键对中性较好,常用于轴端为锥形表面的连接中。   （   ）

9. 平键连接中,键的上表面与轮毂键槽底面应紧密配合。   （   ）

10. 花键多齿承载,承载能力高,且齿浅,对轴的强度削弱小。   （   ）

11. 平键连接配合常采用基轴制。   （   ）

12. 切向键多用于传递转矩大、对中性要求不高的场合。   （   ）

13. 销可用来传递动力或转矩。   （   ）

14. 圆柱销和圆锥销都依靠过盈配合固定在孔中。   （   ）

模块四　轴系零部件

　　轴在机器中直接支承旋转零件(如齿轮、带轮等)以传递运动和动力,轴承用来支承轴,以保证轴的回转精度,减少轴与支承零部件间的摩擦和磨损。联轴器是在静止状态下将两轴连接在一起,离合器用来连接两轴,可随时结合和分离。轴、轴承、联轴器称为轴系零部件。

项目十

轴与轴承

【实际问题】

图 10.1 所示为一轴系装配图,轴和轴承有哪些类型?应用在什么地方?

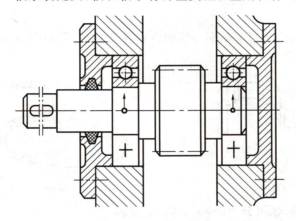

图 10.1 轴系装配图

【学习目标】

(1)掌握轴的作用、种类、应用。

(2)掌握轴上零件的定位、固定方法。

(3)了解轴承的类型、代号应用。

(4)掌握轴承的安装、拆卸、调整和轴系的调整。

【教学内容】

10.1 轴

10.1.1 轴的类型、材料、用途

1.轴的类型

轴是机器中最基本、最重要的零件之一。它的功用是支承回转零件(齿轮、带轮等)传递运动和动力。

根据轴线形状的不同,轴可分为直轴、曲轴和挠性钢丝软轴(简称挠性轴)。

1)直轴

如图 10.2 所示,用于一般机械传动中。按其轴径是否变化可分为阶梯轴和光轴,分别如图 10.2(a)和(b)所示,阶梯轴便于轴上零件的安装与固定,应用最广。按心部结构不同,直轴又可分为实心轴和空心轴。

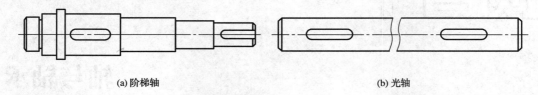

(a) 阶梯轴　　　　　　　　　　　　　　　　(b) 光轴

图 10.2　直轴

2)曲轴

如图 10.3 所示,常用于往复式机械中,实现运动方式的转换,属于专用零件。如图 4.8 中的构件 1 即为曲轴。

3)挠性轴

如图 10.4 所示,是由几层紧贴在一起的钢丝卷绕而成,可以将扭矩和回转运动传递到空间任意位置。

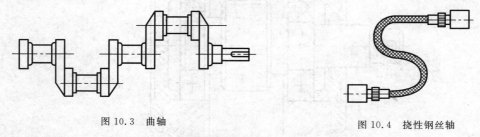

图 10.3　曲轴　　　　　　　　　　　　　　图 10.4　挠性钢丝轴

根据承受载荷不同,轴可分为转轴、心轴、传动轴。

1)转轴

同时承受扭矩和弯矩的作用,例如齿轮减速器中的轴。

2)心轴

只需承受弯矩而不受转矩,例如铁路车辆的轴、自行车的前轴等。

3)传动轴

只承受扭矩而不承受弯矩或承受弯矩较小的轴,如图 10.5 所示的汽车传动轴。

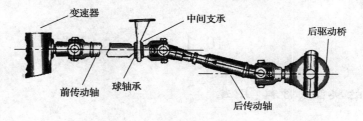

图 10.5　汽车传动轴

2. 轴的材料

轴的材料应具有足够的疲劳强度、较小的应力集中敏感性和良好的加工性能等。

轴的主要材料是碳钢和合金钢。

1)碳钢

价格低廉,对应力集中的敏感性较低,可以利用热处理提高其耐磨性和抗疲劳强度。常用的有 35、40、45、50 钢。

2)合金钢

合金钢具有较高的机械性能,可以在传递大功率、要求减轻轴的重量和提高轴颈耐磨性时采用,如 20Cr、20CrMnTi 等低碳合金钢和 40Cr 等。

3)铸铁

对于形状复杂的轴,如曲轴、凸轮轴等,也采用球墨铸铁或高强度铸造材料来进行铸造加工,易于得到所需形状,而且具有较好的吸振性能和好的耐磨性,对应力集中的敏感性也较低。

10.1.2 轴的结构

轴的结构必须满足如下要求:

(1)轴及轴上零件有确定的工作位置,而且固定可靠。

(2)轴上零件的拆装、调整方便。

(3)轴的加工工艺性好,有的轴径须符合标准直径系列(如装配轴承的轴径)。

(4)有利于提高轴的强度和刚度。

1.轴上零件的固定方法

为了保证机器的正常工作,零件在轴上应该是定位准确,固定可靠。定位是针对安装而言,以保证零件确定的安装位置;固定是针对工作而言,使零件在运转过程中保持原来位置不变。所以固定和定位必须同时进行。

1)轴上零件的轴向固定

轴上零件轴向固定的目的是为了保证零件在轴上有确定的轴向位置,防止零件作轴向移动,并能承受轴向力。常用的轴向固定方法见表 10.1。

表 10.1 轴上零件的轴向固定方法

类型	固定方法及简图	结构特点及应用
圆螺母	退刀槽 圆螺母 螺纹	固定可靠、装拆方便,可承受较大的轴向力,能调整轴上零件之间的间隙。为防止松脱,必须加止动垫圈或使用双螺母。由于在轴上切制了螺纹,使轴的强度降低。常用于轴上零件距离较大处及轴端零件的固定

（续表）

类型	固定方法及简图	结构特点及应用
轴肩与轴环		应使轴肩、轴环的过渡圆角半径 r 小于轴上零件孔端的圆角半径 R 或倒角 C，这样才能使轴上零件的端面紧靠定位面。结构简单、定位可靠，能承受较大的轴向力，广泛应用于各种轴上零件的定位
套筒		结构简单、定位可靠，常用于轴上零件间距离较短的场合，当轴的转速很高时不宜采用
轴端挡圈		工作可靠、结构简单，可承受剧烈振动和冲击载荷。使用时，应采取止动垫片、防转螺钉等措施。应用广泛，适用于固定轴端零件
弹性挡圈		结构简单紧凑、装拆方便，只能承受很小的轴向力。需要在轴上切槽，这将引起应力集中，常用于滚动轴承的固定
紧定螺钉		结构简单，同时起周向固定作用，但承载能力较低，且不适用于高速场合

2）轴上零件的周向固定

轴上零件周向固定的目的是为了保证轴能可靠地传递运动和转矩，防止轴上零件与轴产生相对转动。常用的周向固定方法见表 10.2

表 10.2 轴上零件的周向固定方法

类型	固定方法及简图	结构特点及应用
平键连接	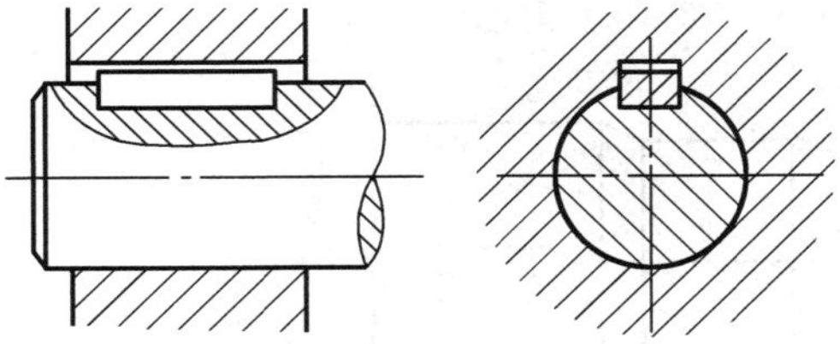	对中性好、装拆方便，但轴向不能固定，不能承受轴向力
花键连接	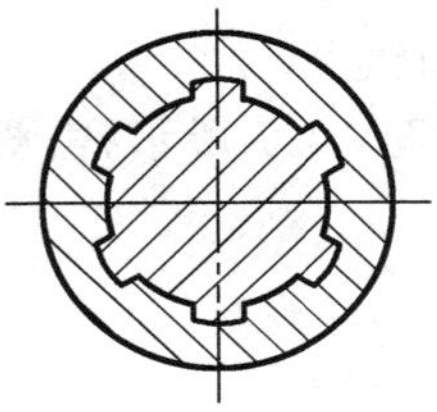	具有接触面大、承载能力强、对中性和导向性好等特点，适用于载荷较大、定心要求高的的静、动连接。加工工艺较复杂，成本较高
销钉连接	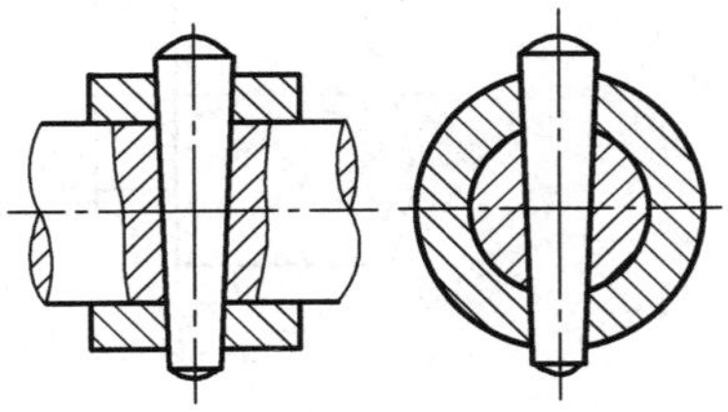	轴向、周向都可以，常用作安全装置，过载时可被剪断，防止损坏其他零件。不能承受较大载荷，对轴强度有削弱
过盈配合	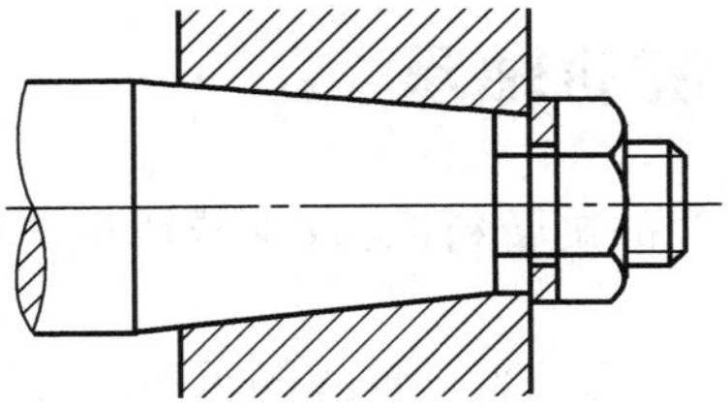	同时有周向和轴向固定作用，对中精度高，选择不同的配合有不同的连接强度。不适用于重载和经常装拆的场合
成形连接	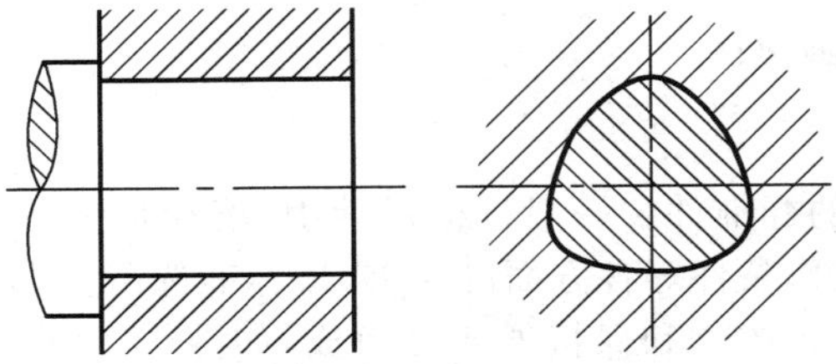	非圆形面不好加工，定位精度低，装拆方便，但轴向不能固定，不能承受轴向力

3. 轴的结构工艺性

轴的结构工艺性是指轴的结构形式便于加工、便于轴上零件的装配、拆卸，所以，在满足使用要求的前提下，轴的结构形式应尽量简化以便于加工、检验。

（1）阶梯轴的级数应尽可能少，直径应该是中间大、两端小，以便于轴上零件的装拆。

（2）一根轴上的圆角半径、倒角、退刀槽、中心孔等尺寸应尽可能统一。

（3）一根轴上各键槽应开在同一母线上，并尽可能同宽，以减少换刀次数和调整次数，如图 10.6 所示。

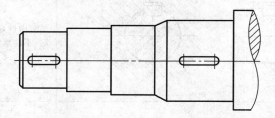

图 10.6 键槽的位置

（4）需要磨削的轴段，应该留有砂轮越程槽，如图 10.7 所示；需要切制螺纹的轴段，应留有退刀槽，如图 10.8 所示。

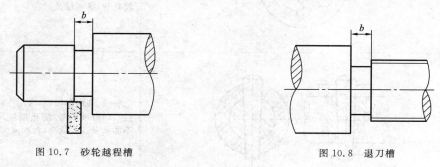

图 10.7 砂轮越程槽　　　　　　　　　图 10.8 退刀槽

（5）为了便于装配，轴端应加工出倒角。

10.2　滚动轴承

轴承的功用是支承轴及轴上零件，保持轴的旋转精度，减少转轴与支承之间的摩擦和磨损。

根据支承处相对运动表面的摩擦性质，轴承分为滑动摩擦轴承和滚动摩擦轴承，分别简称为滑动轴承和滚动轴承。

10.2.1　滚动轴承的组成与类型

1. 滚动轴承的组成

滚动轴承是各种机械中普遍使用的标准件。一般机械设计中，滚动轴承不需要自行设计，只需根据载荷、转速、旋转精度和工作条件等各方面的要求，按标准选用。

滚动轴承一般由内圈 1、外圈 2、滚动体 3 和保持架 4 等组成，如图 10.9 所示。内圈装配在轴颈上，外圈的外径装配在轴承座或机架座孔上。工作时，多数情况下，内圈与轴一起转动，外圈不转动；也可以外圈转动，内圈不动。当内外圈之间相对转动时，滚动体沿着内、外圈滚道滚动。保持架的作用是使滚动体均匀隔开,防止运转时滚动体间互相磨损。

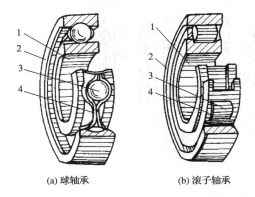

(a) 球轴承   (b) 滚子轴承

图 10.9　滚动轴承的基本结构

2.滚动轴承的类型

滚动轴承的分类方法很多

(1)按滚动体的形状分为球轴承和滚子轴承,如图 10.9 所示。滚动体的形状如图10.10 所示,(a)为球状,(b)~(f)为滚子。

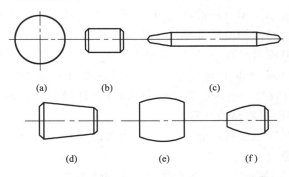

图 10.10　滚动体的种类

(2)按滚动体列数分为:单列,如图 10.11(a)所示;双列,如图 10.11(b)所示;多列,如图 10.11(c)所示。

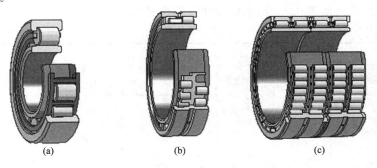

图 10.11　滚动轴承的类型

接触角是滚动轴承的一个重要参数。滚动体与外圈轨道接触点的法线和轴承半径方向的夹角称为轴承公称接触角,用 α 表示,如图 10.12 所示。

(3)按轴承的内部结构和所能承受的外载荷或公称接触角的不同,滚动轴承分为:

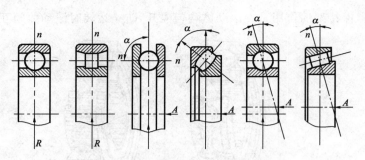

图 10.12　轴承公称接触角

①深沟球轴承(向心球轴承)——主要承受径向载荷,也可受较小的双向轴向载荷,结构简单,价格低,最常用。

②调心球轴承——主要承受径向载荷,也可承受较小的双向轴向力,能自动调心,适于轴的刚性较差的场合。

③圆柱滚子轴承——只能承受径向载荷,不能承受轴向载荷,承载能力大,支承刚性好,外圈或内圈可以分离,或不带内外圈,适于要求径向尺寸较小的场合。

④角接触球轴承——能同时承受径向载荷和单向轴向力,接触角越大,承受轴向载荷能力越高。一个轴承只能承受单方向的轴向力,为承受双向轴向力应成对使用,对称安装。

⑤圆锥滚子轴承——能同时承受径向载荷和单向轴向载荷,承载能力高于角接触球轴承,但极限转速稍低,外圈可分离,一般应成对使用,对称安装,但安装调整比较麻烦。

⑥推力球轴承——单向推力球轴承 51000,只能受单向轴向载荷;双向推力球轴承 52000 能承受双向轴向载荷。不能承受径向载荷,且允许极限转速较低,高速时,由于离心力较大,钢球与保持架磨损发热较严重。

⑦滚针轴承——只能承受径向载荷,承载能力较高,径向尺寸小。

3. 滚动轴承的代号

滚动轴承类型很多,每一类型又有不同的尺寸和结构等多种规格,为了表示各类滚动轴承的结构、尺寸、公差等级、技术性能等特征,GB/T 272 规定了滚动轴承代号,代号打印在轴承的端面上,以便于识别。

滚动轴承代号由前置代号、基本代号和后置代号组成,见表 10.3。

表 10.3　　　　　　　　　　　　　　滚动轴承代号

前置代号	基本代号			后置代号							
	类型代号	尺寸系列代号	内径代号								
结构、形状、尺寸、公差、技术要求等改变时,添加补充代号	数字或字母	数字××宽度或高度系列代号×直径系列代号	两位数字××	内部结构代号	密封防尘与外圈形状变化代号	保持架结构及材料变化代号	轴承材料变化代号	公差等级代号	游隙组代号	配置代号	其他

1)基本代号

基本代号由三部分组成,从右向左排列的顺序是:内径代号、尺寸系列代号、类型代号。

(1)内径代号:一般用两位数字表示,代表轴承的内径尺寸,表示方法见表10.4。

表 10.4　　　　　　　　　　　　　　滚动轴承内径表示法

轴承内径 d/mm		内径代号	示　例
10～17	10	00	例:深沟球轴承 6201 01 代表轴承内径 $d=12$ mm
	12	01	
	15	02	
	17	03	
20～495 (22、28、32 除外)		用内径除以 5 得的商数表示。当商数只有个位数时,需在十位数处用 0 占位	例:深沟球轴承 6210 10 代表轴承内径 $d=50$ mm
≥500 或为 22、28、32 或 <10		用内径毫米数直接表示,并在尺寸系列代号与内径代号之间用"/"号隔开	例:深沟球轴承 62/500 500 代表轴承内径 $d=500$ mm 例:深沟球轴承 62/22 22 代表轴承内径 $d=22$ mm 例:深沟球轴承 62/9 9 代表轴承内径 $d=9$ mm

(2)尺寸系列代号:同一内径轴承,为满足需要有不同的外径和宽度。如图 10.13(a)所示为同一内、外径有不同的宽度;图 10.13(b)所示为同一内径,有不同外径和宽度。外径和宽度用数字为代号,分别称为直径系列和宽度系列。

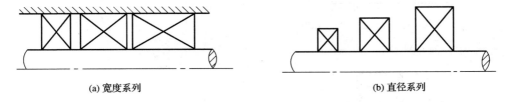

(a) 宽度系列　　　　　　　　　　　　　　(b) 直径系列

图 10.13　滚动轴承的类型

尺寸系列代号由直径系列代号和宽度系列代号两项构成。具体内容见表10.5。大多数窄系列的轴承的代号可以省略,但窄系列的圆锥滚子轴承和调心滚子轴承不可省略。

表 10.5　　　　　　　　　　　　　　尺寸系列代号

宽度系列代号			直径系列
窄 0	正常 1	宽 2	代号
02	12	22	轻 2
03	13	23	中 3
04	14	24	重 4

(3)类型代号:由数字或字母表示,代表轴承的类型。各类轴承的类型代号见表10.6。

表 10.6   滚动轴承类型、特性、用途表

轴承名称类型代号	结构简图	承载方向	极限转速	允许偏转角	主要特性和应用
调心球轴承 1		中	2°～3°	主要承受径向载荷,同时也能承受少量的轴向载荷。因为外圈滚道表面是以轴承中点为中心的球面,故能调心。允许偏转角为在保证轴承正常工作条件下内、外圈轴线间的最大夹角
调心滚子轴承 2		低	0.5°～2°	能承受很大的径向载荷和少量轴向载荷,承载能力较大。滚动体为鼓形,外圈滚道为球面,因而具有调心性能
推力调心滚子轴承 2		低	2°～3°	能同时承受很大的轴向载荷和不大的径向载荷。滚子呈腰鼓形,外圈滚道是球面,故能调心
圆锥滚子轴承 3		中	2′	能同时承受较大的径向、轴向联合载荷,因为是线接触,承载能力大于"7"类轴承。内、外圈可分离,装拆方便成对使用
圆柱滚子轴承 N		较高	2′～4′	能承受较大的径向载荷,不能承受轴向载荷。因是线接触,内、外圈只允许有极小的相对偏转。轴承内、外圈可分离

(续表)

轴承名称 类型代号	结构简图	承载方向	极限转速	允许偏位角	主要特性和应用
滚针轴承 NA	(a) (b)		低	不允许	只能承受径向载荷,承载能力大,径向尺寸很小,一般无保持架,因而滚针间有摩擦,轴承极限转速低。这类轴承不允许有角偏差。轴承内、外圈可分离。可以不带内圈

2)后置代号

后置代号表示轴承内部结构、公差等级、游隙这三项。

(1)内部结构代号:表示角接触轴承的接触角不同,见表10.7。

表 10.7 轴承内部结构代号

代　号	示　例	举　例
C	角接触球轴承　公称接触角 $\alpha=15°$	7210C
AC	角接触球轴承　公称接触角 $\alpha=25°$	7210AC
B	角接触球轴承　公称接触角 $\alpha=40°$	7210B

(2)公差等级代号:滚动轴承共有六个公差等级,由低到高为P0、P6、P5、P6X、P4、P2,P0级可以省略不写,标注时在P前加/。如:6206/P5,表示轴承精度为P5级;6206,表示轴承精度为P0级。

(3)轴承游隙:轴承游隙是滚动轴承内部的内、外圈之间留有的相对位移量。同一类型的轴承可以有不同的游隙,共分为六个组,代号分别为/C1、/C2、/C0、/C3、/C4、/C5。其中/C0为常用的基本游隙,标注时可以省略。

例 6 2 2 03

从右往左代号意义:

6—— 深沟球轴承;

2—— 宽度系列代号,2(宽)系列;

2—— 直径系列代号,2(轻)系列;

03——轴承内径,$d=17\text{mm}$;

公差等级为P0级,游隙组为C0组。

7 (0)3 12 AC / P6

从右往左代号意义:

7—— 角接触球轴承;

(0)——宽度系列代号,0(窄)系列,代号为0,不标出;

3—— 直径系列代号,3(中)系列;

12——轴承内径,$d=12 \text{ mm}\times5=60 \text{ mm}$;

AC——公称接触角,$\alpha=25°$;

P6——公差等级 6 级。

轴承代号详细内容见《机械设计手册》。

4. 滚动轴承的类型选择

选择滚动轴承类型时,应根据轴承的工作载荷(包括载荷大小、是否有冲击及载荷的方向)、转速、轴的刚度及其他要求,选择时可参考以下原则:

(1)当转速较低、载荷较大或有冲击载荷时,宜用滚子轴承;当载荷较小、转速较高、要求旋转精度较高时,宜用球轴承。

(2)当只受径向载荷时,或虽同时受径向和轴向载荷,但以径向载荷为主时,应用向心轴承。

当只受轴向载荷时,一般应用推力轴承,而当转速很高时,可用角接触球轴承或深沟球轴承。

当径向和轴向载荷都较大时,应采用角接触轴承。

(3)当要求支承具有较大刚度时,应用滚子轴承。

(4)当轴的挠曲变形大或轴承座孔不同、跨度大而对支承有调心要求时,应选用调心轴承。

(5)为便于轴承的装拆,可选用内、外圈分离的轴承。

(6)从经济角度看,球轴承比滚子轴承便宜,精度低的轴承比精度高的轴承便宜,普通结构轴承比特殊结构的轴承便宜。

5. 滚动轴承的失效形式

1)疲劳点蚀

在安装、润滑、维护良好的条件下,滚动轴承的正常失效形式是滚动体或内、外圈滚道上的点蚀破坏。当轴承不回转、缓慢摆动或低速转动时,一般不会产生疲劳损坏。但过大的静载荷或冲击轴承将产生较大的塑性变形,从而导致轴承失效。

2)塑性变形

受较大静载或冲击载荷轴承。

3)磨粒磨损

杂质进入轴承。

4)胶合

高速、重载轴承,有时低速重载轴承也会发生。

10.2.2 滚动轴承组合设计

1. 轴承组的轴向固定

滚动轴承组成的支承结构必须满足轴系轴向定位可靠、准确的要求,并要考虑轴在工作中有热伸长时其伸长量能够得到补偿。常用轴承组轴向定位的方式有以下三种。

1)双支撑单向固定(两端固定式)

如图 10.14(a)所示为两端固定式支承结构,轴的两个支点中每个支承点只能限制轴的单方向移动,两个支承点合起来就限制了轴的双向移动。这种支承形式结构简单,适用于工作温度变化不大的短轴(跨距≤350 mm)。考虑温度升高后轴的伸长,为使轴的伸长不致引起附加应力,在轴承盖与外圈端面之间留出热补偿间隙 $c = 0.2 \sim 0.4$ mm,如图 10.14(b)所示,也可由轴承游隙来补偿。当采用角接触球轴承或圆锥滚子轴承时,轴的热伸长量只能由轴承的游隙补偿。间隙和轴承游隙的大小可用垫片或调节螺钉等来调节。

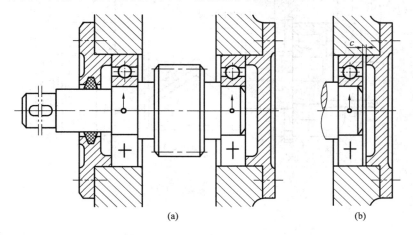

图 10.14 两端固定式

2)单支撑双向固定式(一端固定、一端游动)

在图 10.15(a)所示的支承结构中,一个支点为限制轴的左、右(图中左端)移动,另一个支点则可作轴向移动(图中右端),这种支承结构称为游动支承。选用深沟球轴承作为游动支承时应在轴承外圈与端盖间留适当间隙;选用短圆柱轴承作为游动支承时,如图 10.15(b)所示,依靠轴承本身具有内、外圈可分离的特性达到游动目的。这种固定方式适用于工作温度较高的长轴(跨距>350 mm)。作为固定支撑的轴承,如图 10.15(a)中左端所示,应能承受双向载荷,外圈两侧都要固定。为防止内圈与轴分离,内圈两侧都要固定。

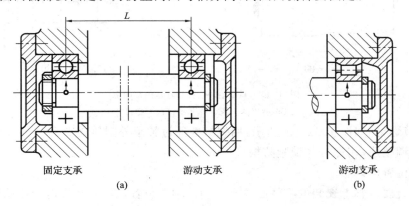

图 10.15 单支撑双向固定式

3)两端游动

如图 10.16 所示的人字齿轮传动中,小齿轮轴两端的支承均可沿轴向游动,即为两端游动,而大齿轮轴的支承结构采用了两端固定结构。由于人字齿轮的加工误差使得轴转动时产生左右窜动,而小齿轮轴采用两端游动的支承结构,满足了其运转中自由游动的需要,并可调节啮合位置。若小齿轮轴的轴向位置也固定,将会发生干涉以致卡死现象。

2.滚动轴承位置的调整

1)轴承间隙的调整

(1)调整垫片:如图 10.17(a)所示,靠加减轴承盖与机座之间的垫片 2 的厚度来调整轴

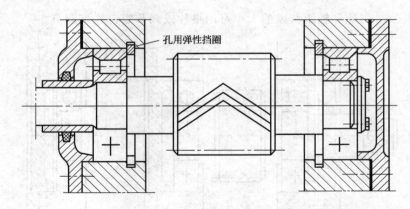

图 10.16 两端游动式

承间隙的。

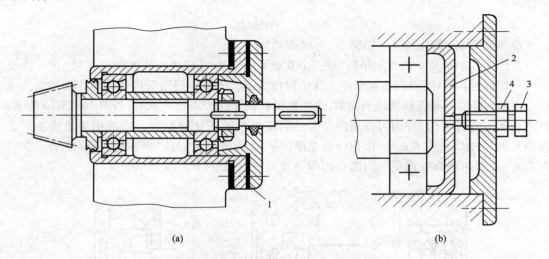

(a)   (b)

图 10.17 调整轴的位置和轴承内部间隙

1—垫片;2—压盖;3—螺钉;4—螺母

(2)调节螺钉:如图 10.17(b)所示,用螺钉 3 通过轴承外圈压盖 2 移动外圈的位置来进行调整的。调整后,用螺母 4 锁紧防松。

2)轴系位置的调整

某些场合要求轴上安装的零件必须有准确的轴向位置,例如,圆锥齿轮传动要求两锥齿轮的节锥顶点相重合,这种情况下需要有轴向位置调整的措施。

图 10.17(a)所示为圆锥齿轮轴承组合位置的调整方式,通过改变套杯与箱体间垫片 1 的厚度,使套杯作轴向移动,以调整锥齿轮的轴向位置。

3.滚动轴承的配合及拆装

1)滚动轴承的配合

滚动轴承的配合是指内圈与轴径、外圈与座孔的配合,轴承内孔与轴径的配合采用基孔制过盈配合,就是以轴承内孔确定轴的直径;轴承外圈与轴承座孔的配合采用基轴制的过渡配合。

2)滚动轴承的装配与拆卸

滚动轴承是精密组件,因而装拆方法必须规范,否则会使轴承精度降低,损坏轴承和其他零部件。装拆时,要求滚动体不受力,装拆力要对称或均匀加在座圈端面上。

安装方法:

(1)过盈较小的用软锤均匀敲击套圈装入。

(2)用压力机压入(较大的轴承)。

(3)热套法:将轴承放入油池中加热至80~100 ℃,然后套在轴上。

(2)和(3)适用于过盈较大的配合。

拆卸方法:

(1)压力机压出轴颈。

(2)轴承拆卸器将内圈拉下,如图10.18所示。轴肩高度应低于轴承内圈高度。

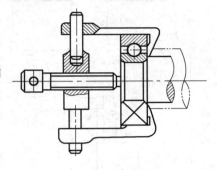

图10.18 轴承的拆卸

4.滚动轴承的润滑与密封

1)滚动轴承的润滑

为降低滚动轴承内部的摩擦,减少磨损和发热量,延长使用寿命,并降低噪音,滚动轴承要进行润滑。

2)润滑方式

滚动轴承一般采用油润滑和脂润滑,油润滑有油浴、滴油、喷油等。润滑方法的选择主要与轴承的速度有关,即 d_n 值。

3)滚动轴承的密封

密封目的是防止灰尘、水分进入轴承,阻止润滑剂流失。滚动轴承常用的密封方式见表10.8。

表 10.8 　　　　　　　　　　**滚动轴承的密封方式**

密封类型	图 例	适用场合	说 明
接触式密封	毛毡圈密封	脂润滑。要求环境清洁,轴颈圆周速度 v 不大于 4~5 m/s,工作温度不超过 90 ℃	矩形断面的毛毡圈安装在梯形槽内,毛毡受到压力而紧贴在轴上,从而起到密封作用
	唇形圈密封	脂或油润滑。轴颈圆周速度 $v<7$ m/s,工作温度范围－40~100 ℃	唇型密封圈用皮革、塑料或耐油橡胶制成,有的具有金属骨架,有的没有骨架,是标准件,单向密封

（续表）

密封 类型	图 例	适用场合	说 明
非接触式密封	间隙密封	脂润滑。干燥清洁环境	靠轴与端盖间的细小间隙密封，间隙愈小愈长，效果愈好，间隙 δ 取 0.1～0.3 mm
	(a) (b) 迷宫式密封	脂润滑或油润滑。工作温度不高于密封油脂的滴点。这种密封效果可靠	将旋转件与静止件之间的间隙作成迷宫（曲路）形式，在间隙中充填润滑油或润滑脂以加强密封效果。迷宫或密封分径向、轴向两种：图(a)径向曲路，径向间隙 δ 不大于 0.1～0.2 mm；图(b)轴向曲路，考虑轴的伸长，间隙可取大些

10.3 滑动轴承

10.3.1 滑动轴承的特点、应用、分类

1. 滑动轴承的特点

工作时轴承和轴颈的支承面间形成直接或间接滑动摩擦的轴承，称为滑动轴承。滑动轴承包含零件少，工作面间一般有润滑油膜且为面接触，所以它的优点为：(1)承载能力高；(2)工作平稳可靠、噪声低；(3)径向尺寸小；(4)精度高；(5)流体润滑时，摩擦、磨损较小；(6)油膜有一定的吸振能力。缺点：非流体摩擦滑动轴承，摩擦较大，磨损严重。

2. 滑动轴承类型

按承载分为向心轴承（承受径向载荷）和推力轴承（承受轴向载荷）。

按润滑状态分为流体润滑轴承、非流体润滑轴承和无润滑轴承（不加润滑剂）。

3. 应用

(1)转速特高或特低；(2)对回转精度要求特别高的轴承；(3)承受特大载荷；(4)冲击、振动较大时；(5)特殊工作条件下的轴承；(6)径向尺寸受限制或轴承要做成剖分式的结构。

例如：机床、汽轮机、发电机、轧钢机、大型电机、内燃机、铁路机车、仪表、天文望远镜等。

10.3.2 滑动轴承的结构和材料

1. 径向滑动轴承

径向滑动轴承可以分为整体式和剖分式(对开式)两大类。

1)整体式径向滑动轴承

图 10.19 所示为整体式滑动轴承。由轴承座和轴承套(轴瓦)组成。轴承套压装在轴承座孔中,一般配合为 H8/s7。轴承座用螺栓与机座连接,顶部设有安装注油油杯的螺纹孔。轴套上开有油孔,并在其内表面开油沟以输送润滑油。

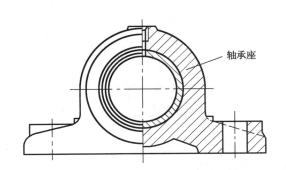
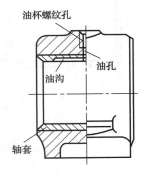

图 10.19 整体式滑动轴承

这种轴承结构简单、制造成本低,但当滑动表面磨损后无法修整。所以,整体式滑动轴承多用于低速、轻载和间歇工作的场合。

2)剖分式滑动轴承

图 10.20 所示为剖分式滑动轴承。是由轴承盖、轴承座、剖分轴瓦和螺栓组成。轴承座和轴承盖用二(或四)个螺栓连接。为了防止轴承盖和轴承座横向错动和便于装配时对中,轴承盖和轴承座的剖分面做成阶梯状。对开式滑动轴承不用作轴向移动,装拆方便。另外,适当增减轴瓦剖分面间的调整垫片,可以调节轴颈与轴承之间的间隙。

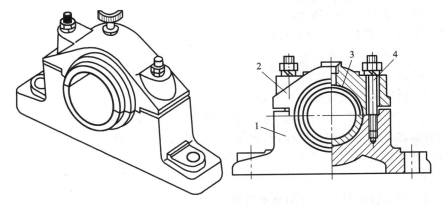

图 10.20 剖分式滑动轴承

1—轴承座;2—轴承盖;3—轴瓦;4—螺栓

3)自动调心轴承

如图 10.21 所示,轴承的结构特点是轴瓦的外表面做成凸形球面,与轴承盖及轴承座上的凹形球面相配合,当轴变形时,轴瓦可随轴线自动调节位置。

2.推力滑动轴承

推力滑动轴承用于承受轴向载荷。如图10.22所示,它由轴承座、套筒、径向轴瓦、止推轴瓦所组成。

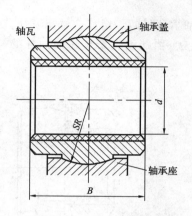

图10.21 自动调心轴承

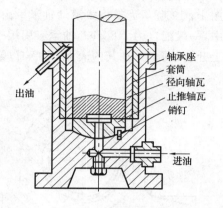

图10.22 推力滑动轴承

相对滑动端面通常采用环状端面。当载荷较大时,可采用多环轴颈,这种结构能够承受双向轴向载荷,如图10.23所示。

3.轴承材料

滑动轴承的材料指轴瓦材料。

滑动轴承的主要失效形式有:磨粒磨损、刮伤、胶合、疲劳剥落等。轴承材料性能应着重满足以下主要要求:

(1)良好的减摩性、耐磨性和抗胶合性;

(2)良好的顺应性、嵌入性和磨合性;

(3)足够的强度和必要的塑性;

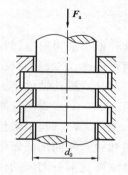

图10.23 多环推力轴承

(4)良好的耐腐蚀性、热化学性能(传热性和热膨胀性)和调滑性(对油的吸附能力);

(5)良好的工艺性和经济性等。

常用材料有:

1)轴承合金(通称巴氏合金或白合金)

轴承合金是锡、铅、锑、铜的合金,它以锡或铅作为基体,其内含有锑锡(Sb-Sn)或铜锡(Cu-Sn)的硬晶粒。硬晶粒起抗磨作用,软基体则增加材料的塑性。轴承合金适用于重载、中高速场合,价格较贵。

2)铜合金

铜合金具有较高的强度,较好的减磨性和耐磨性,是最常用的材料。

锡青铜——减摩、耐磨性最好,应用较广,强度比轴承合金高,适于重载、中速。

铅青铜——抗胶合能力强,适于高速、重载。

铝青铜——强度及硬度较高,抗胶合性差,适于低速、重载传动。

3）铸铁

包括灰铁、球铁（内有游离的石墨能起润滑作用），性能较好，适于轻载、低速，不受冲击的场合。

4）多孔质金属材料

是不同金属粉末经压制、烧结而成的轴承材料。这种材料是多孔结构的，孔隙约占体积的 $10\%\sim35\%$。使用前先把轴瓦在加热的油中浸渍数小时，使孔隙中充满润滑油，因而通常把这种材料制成的轴承称为含油轴承。它具有自润滑性。

5）非金属材料

非金属材料中应用最广的是各种塑料，如酚醛树脂、尼龙、聚四氟乙烯等。聚合物的特性是：与许多化学物质不起反应，抗腐蚀性好。

4.轴瓦结构

轴瓦的结构有整体式、剖分式。

对开式轴承的轴瓦由上下两半组成。为使轴瓦既有一定的强度，又有良好的减磨性，常在轴瓦内表面浇铸一层减磨性好的材料，称为轴承衬。轴承衬应可靠地贴合在轴瓦表面上，为使轴承衬与轴瓦结合牢固，可在轴瓦内壁制出沟槽，如图 10.24 所示。

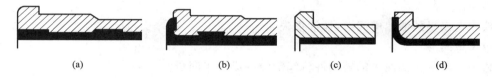

(a)   (b)   (c)   (d)

图 10.24　瓦背内壁沟槽

为了将润滑油引入轴承，并布满于工作表面，常在其上开有供油孔和油沟（图 10.25）。供油孔和油沟应开在轴瓦的非承载区否则会降低油膜的承载能力。轴向油沟也不应在轴瓦全长上开通，以免润滑油自油沟端部大量泄漏。

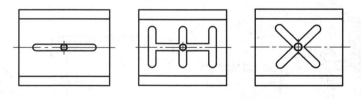

图 10.25　油沟形状及位置

10.3.3 滑动轴承的润滑

1.润滑剂及其选择

润滑剂分为润滑油、润滑脂和固体润滑剂三类。

1）润滑油

润滑油是滑动轴承中应用最广的润滑剂，目前使用的润滑油多为矿物油。润滑油最重要的物理性能是黏度，它也是选择润滑油的主要依据。

工业上多用运动黏度标定润滑油的黏度。根据国家标准，润滑油产品油牌号一般按 40 ℃时的运动黏度平均值来划分，我们需要时可以查阅相关手册或资料参考选择。

2）润滑脂

润滑脂是在润滑油中添加稠化剂（如钙、钠、铝、锂等金属）后形成的胶状润滑剂。因为它稠度大，不宜流失，所以承载能力较大，但它的物理、化学性质不如润滑油稳定，摩擦功耗也大，故不宜在温度变化大或高速条件下使用。

3）固体润滑剂

常用的固体润滑剂有石墨和二硫化钼。高温、重载下工作的轴承，采用添加二硫化钼的润滑剂，能获得良好的润滑效果。

2. 润滑方法

1）间歇式供油

直接用油壶或油枪定期向润滑孔和杯内注油。此种方法适用于小型、低速、间歇运动的场合。

2）连续式供油

连续供油用于中、高速传动。可采用如图 10.26(a)所示为针阀式油杯，用手柄控制针阀运动，使油孔关闭或开启，用调节螺母控制供油量。图 10.26(b)所示为芯捻油杯，利用纱线的毛细管作用把油引到轴承中，此法油量不易控制。

3）浸油润滑

轴颈直接浸到油池中润滑，搅油损失大。

4）飞溅润滑

利用下端浸在油池中的转动件将润滑油溅成油来润滑。

5）压力循环润滑

用油泵进行连续压力供油，润滑、冷却，效果较好，适于重载、高速或交变载荷作用。

6）脂润滑

间歇供油脂。如图 10.26(c)、(d)所示为油杯，用黄油枪向油脂杯中注油脂。

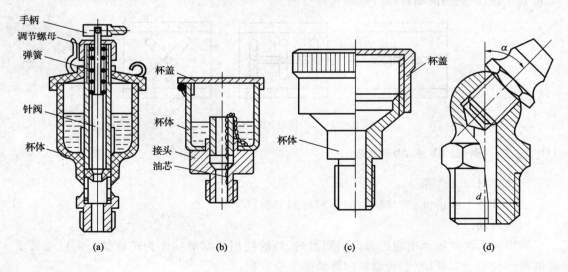

图 10.26　供油方法与装置

10.4　综合测试

一、填空题

1. 轴上零件的轴向定位与固定的方法主要有 _____、_____、_____ 和 _____ 等。

2. 轴上零件轴向固定的目的是为了保证零件在轴上有_____,防止零件作_____,并能承受_____。

3. 轴上零件周向固定的目的是为了保证轴能可靠地传递_____,防止轴上零件与轴产生_____。

4. 轴上零件的周向定位与固定的方法主要有:_____、_____、_____ 和 _____。

5. 轴常设计成阶梯形,其主要目的是便于轴上零件_____ 和 _____。

6. 轴承的功用是支承_____ 及 _____,并保持轴的正常_____ 和 _____。

7. 滚动轴承的基本结构是由_____、_____、_____ 和 _____ 四部分组成。

8. 保持架的作用是分隔_____ 以减少滚动体之间的_____ 和 _____。

9. 常见滚动轴承滚动体形状有_____、_____ 和 _____ 等。

10. 为了防止润滑剂中脂或油的泄漏和外界有害物质侵入轴承内,滚动轴承必须_____。

11. 滚动轴承常用的密封方法有_____ 和 _____。

12. 滑动轴承按承载方向分为_____ 和 _____ 等。

13. 润滑的目的是为了减少工作表面间的_____,同时还起_____、_____、_____ 及 _____ 等作用。

14. 滑动轴承中轴瓦的材料,要求应具有良好的_____、_____、_____ 和抗胶合性,足够_____,易跑合、易加工等性能。

15. 滑动轴承的润滑方式主要有_____ 和 _____。

二、选择题

1. 具有结构简单、定位可靠、能承受较大的轴向力等特点,广泛应用于各种轴上零件的轴向固定是(　　)。

A. 紧定螺钉　　　　　　B. 轴肩与轴环　　　　　　C. 紧定螺钉与挡圈

2. 常用于轴上零件间距离较小的场合,但当轴的转速要求很高时,不宜采用的轴向固定是(　　)。

A. 轴肩与轴环　　　　　　B. 轴端挡板　　　　　　C. 套筒

3. 接触面积大、承载能力强、对中性和导向性都好的周向固定是(　　)。

A. 紧定螺钉　　　　　　B. 花键连接　　　　　　C. 平键连接

4. 加工容易、装拆方便、应用最广泛的周向固定是(　　)。

A. 平键连接　　　　　　B. 过盈配合　　　　　　C. 花键连接

5. 同时具有周向和轴向固定作用,但不宜用于重载和经常装拆的场合,其采用周向固定的方法是(　　)。

A. 过盈配合　　　　　　　B. 花键连接　　　　　　　C. 销钉连接

6. 具有对轴上零件起周向固定的是(　　)。

A. 轴肩与轴环　　　　　　B. 平键连接　　　　　　　C. 套筒和圆螺母

7. 在阶梯轴中部装有一个齿轮,工作中承受较大的双向轴向力,对该齿轮应当采用(　　)方法进行轴向固定。

A. 紧定螺钉　　　　　　　B. 轴肩和套筒　　　　　　C. 轴肩和圆螺母

8. 滚动轴承内圈通常装在轴颈上,与轴(　　)转动。

A. 一起　　　　　　　　　B. 相对　　　　　　　　　C. 反向

9. 可同时承受径向载荷和轴向载荷,一般成对使用的滚动轴承是(　　)。

A. 深沟球轴承　　　　　　B. 圆锥滚子轴承　　　　　C. 推力球轴承

10. 主要承受径向载荷,外圈内滚道为球面,能自动调心的滚动轴承是(　　)。

A. 角接触球轴承　　　　　B. 调心球轴承　　　　　　C. 深沟球轴承

11. 主要承受径向载荷,也可同时承受少量双向轴向载荷,应用最广泛的滚动轴承是(　　)。

A. 推力球轴承　　　　　　B. 圆柱滚子轴承　　　　　C. 深沟球轴承

12. 能同时承受较大的径向和轴向载荷且内、外圈可以分离,通常成对使用的滚动轴承是(　　)。

A. 圆锥滚子轴承　　　　　B. 推力球轴承　　　　　　C. 圆柱滚子轴承

13. 圆锥滚子轴承承载能力与深沟球轴承相比,其承载能力(　　)。

A. 大　　　　　　　　　　B. 小　　　　　　　　　　C. 相同

14. (　　)是滚动轴承代号的基础。

A. 前置代号　　　　　　　B. 基本代号　　　　　　　C. 后置代号

15. 斜齿轮传动中,轴的支承一般选用(　　)。

A. 推力球轴承　　　　　　B. 圆锥滚子轴承　　　　　C. 深沟球轴承

16. 整体式滑动轴承(　　)。

A. 结构简单　　　　　　　B. 适用于重载高速的场合　C. 磨损后可调整间隙

17. 径向滑动轴承中,(　　)装拆方便、应用广泛。

A. 整体式滑动轴承　　　　B. 剖分式滑动轴承　　　　C. 调心式滑动轴承

18. (　　)一般用于低速、轻载或不重要的轴承中。

A. 滴油润滑　　　　　　　B. 油环润滑　　　　　　　C. 润滑脂润滑

19. 轴旋转时带动油环转动,把油箱中的油带到轴颈上进行润滑的方法称为(　　)。

A. 滴油润滑　　　　　　　B. 油环润滑　　　　　　　C. 压力润滑

三、判断题(在括号中,正确画"√",错误画"×")

1. 轴承性能的好坏对机器的性能没有影响。　　　　　　　　　　　　　　　(　　)

2. 双列深沟球轴承比深沟球轴承承载能力大。　　　　　　　　　　　　　　(　　)

3. 角接触球轴承的公称接触角越大,其承受轴向载荷的能力越小。　　　　　(　　)

4. 滚动轴承代号通常都压印在轴承内圈的端面上。　　　　　　　　　　　　(　　)

5. 滚动轴承代号的直径系列表示同一内径轴承的各种不同宽度。　　　　　　(　　)

6. 滚动轴承在满足使用要求的前提下,尽量选用精度低、价格便宜的轴承。

7.滚动球轴承的极限转速比滚子滚动轴承低。 （　　）

8.同型号的滚动轴承精度等级越高,其价格越贵。 （　　）

9.在轴承商店,只要告诉售货员滚动轴承的代号,就可买到所需要的滚动轴承。（　　）

10.在轴的一端安装一只调心球轴承,在轴的另一端安装一只深沟球轴承,则可起调心作用。 （　　）

11.调心式滑动轴承的轴瓦可以自动调位,以适应轴受力弯曲时轴线产生的倾斜。

（　　）

12.滑动轴承能获得很高的旋转精度。 （　　）

13.滑动轴承轴瓦上的油沟应开在承载区。 （　　）

14.滑动轴承工作时的噪声和振动均小于滚动轴承。 （　　）

15.圆螺母常用于滚动轴承的轴向固定。 （　　）

16.轴端挡板主要适用于轴上零件的轴向固定。 （　　）

17.在满足使用要求的前提下,轴的结构应尽可能简化。 （　　）

18.阶梯轴上各截面变化处都应留有越程槽。 （　　）

19.实际工作中,直轴一般采用阶梯轴,以便于轴上零件的定位和装拆。 （　　）

20.过盈配合的周向固定对中性好,可经常拆卸。 （　　）

21.装在轴上的滑移齿轮,必须要有轴向固定。 （　　）

四、简答题

1.轴承的间隙如何调整?

2.滚动轴承支撑结构形式有哪些?

项目十一

联轴器和离合器

【实际问题】

实际生产中经常遇到轴和轴之间是怎样连接的？有哪些连接类型？应用在什么地方？

【学习目标】

(1)掌握联轴器的工作原理、类型及应用。

(2)掌握离合器的工作原理、类型及应用。

【教学内容】

11.1 联轴器

联轴器所连接的两轴只有在机器停机时,经过装拆才能使两轴连接或分离。由于制造及安装误差、承载后的变形以及温度变化的影响,往往存在着某种程度相对位移,如图11.1所示。因此联轴器具有补偿上述偏移量的性能,否则就会在轴、联轴器、轴承中引起附加载荷,导致工作情况恶化。

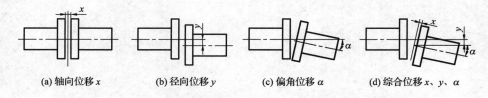

(a) 轴向位移 x (b) 径向位移 y (c) 偏角位移 α (d) 综合位移 x、y、α

图 11.1 联轴器所连接两轴的偏移形式

根据联轴器补偿两轴偏移能力的不同可将其分为两大类：

1.刚性联轴器

这种联轴器不能补偿两轴的位移,用于两轴能严格对中并在工作中不发生位移的场合。

2.挠性联轴器

这种联轴器具有一定的补偿两轴偏移的能力。根据联轴器补偿位移方法的不同又可分为：

1)无弹性元件联轴器

这种联轴器是利用联轴器工作元件间构成的动连接来实现位移补偿的。

2)弹性联轴器

这种联轴器是利用联轴器中弹性元件的变形来补偿位移的,具有减轻振动与冲击的能力。

11.1.1 刚性联轴器

1.套筒联轴器

如图 11.2 所示,套筒联轴器是利用套筒及连接件(销或键)将两轴连接起来。图 11.2(a)中的螺钉用作轴向固定。图 11.2(b)中的圆锥销当轴超载时会被剪断,可起到安全保护作用,也起定位作用。

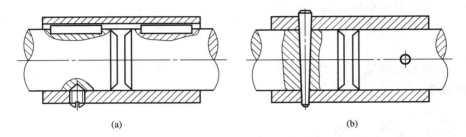

(a)   (b)

图 11.2 套筒联轴器

套筒联轴器结构简单、径向尺寸小、容易制造,常用于要求径向尺寸紧凑或空间受限制的场合。缺点是装拆时因被连接轴作轴向移动而不方便。

2.凸缘联轴器

如图 11.3 所示,凸缘联轴器由两个带凸缘的半联轴器和一组螺栓组成。这种联轴器有两种对中方式:一种是通过分别具有凸肩和凹槽的两个半联轴器的相互嵌合来对中的,半联轴器之间采用普通螺栓连接,靠半联轴器结合面间的摩擦来传递转矩,如图 11.3(a)所示;另一种是通过铰制孔用螺栓与孔的紧密配合对中,靠螺杆承受载荷来传递转矩,如图 11.3(b)所示。当尺寸相同时后者传递扭转矩较大,且装拆时轴不必作轴向移动。

凸缘联轴器的主要特点是结构简单、成本低、传递的转矩较大,但要求两轴的同轴度要好。适用于刚性大、振动冲击小和低速大转矩的连接场合,是应用最广的一种刚性联轴器。这种联轴器已标准化。

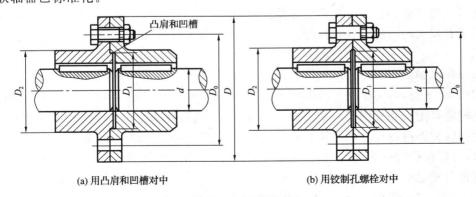

(a) 用凸肩和凹槽对中   (b) 用铰制孔螺栓对中

图 11.3 凸缘联轴器

11.1.2 刚性联轴器

1. 无弹性元件联轴器

常用的无弹性元件联轴器有：十字滑块联轴器、万向联轴器和齿式联轴器等。

1）十字滑块联轴器

如图 11.4(a)所示，由两个在端面上开有凹槽的半联轴器 1、3 和一个两端面均带有凸牙的中间盘 2 组成，中间盘两端面的凸牙位于互相垂直的两个直径方向上，并在安装时分别嵌入 1、3 的凹槽中。因为凸牙可在凹槽中滑动，故可补偿安装及运转时两轴间的相对位移和偏斜。

因为半联轴器与中间盘组成移动副，不能相对转动，故主动轴与从动轴的角速度应相等。但在两轴间有偏移的情况下工作时，中间盘会产生很大的离心力，故其工作转速不宜过大。

这种联轴器径向尺寸小，结构简单，一般用于转速较低，轴的刚性较大，无剧烈冲击的场合，需要润滑。

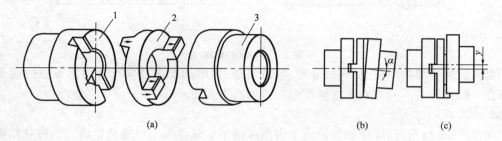

图 11.4　十字滑块联轴器

1、3—半联轴器；2—中间盘

2）齿式联轴器

齿式联轴器是利用内外齿啮合来实现两半联轴器的连接。如图 11.5 所示，它由两个内齿圈和两个外齿轮轴套组成。安装时两内齿圈用螺栓连接，两个外齿轮轴套通过过盈配合（或键）与轴连接，并通过内外齿轮的啮合传递转矩。

这种联轴器结构紧凑、承载能力大、适用速度范围广，但制造困难，常用于重载高速的水平轴连接。为使联轴器具有良好的补偿两轴综合位移的能力，将外齿齿顶做成球面，齿顶与齿侧均留有较大的间隙，还可将外齿轮轮齿做成鼓形齿。需要润滑和密封。这种联轴器已标准化。

3）万向联轴器

如图 11.6 所示，它由两个叉形接头，一个中间连接件和销轴（包括销套及铆钉）所组成；销轴互相垂直配置并分别把两个叉形接头与中间件连接起来。这样就构成了一个可动的连接。这种联轴器可以允许两轴间有较大的夹角，即当一轴固定时，另一轴可以在任意方向偏斜 α 角，角位移最大可达 45°。而且在机器运转时，夹角发生改变仍可正常传动。

这种联轴器的缺点是：当主动轴角速度 ω_1 为常数时，从动轴的角速度 ω_3 并不是常数，而是在一定范围内变化，因而在传动中将产生附加载荷。为了改善这种情况，常将万向联轴器成对使用，但在安装时必须保证 1 轴、2 轴与中间轴之间的夹角相等，如图 11.7 所示，并

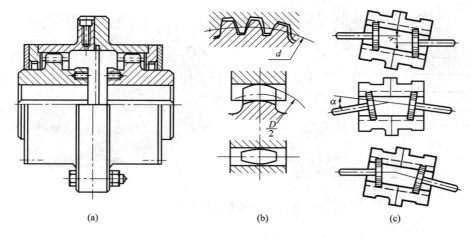

图 11.5　齿式联轴器

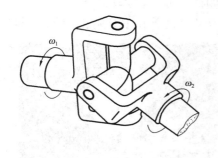
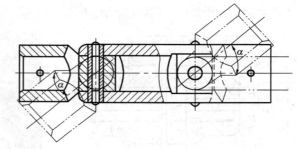

图 11.6　万向联轴器

且中间轴的两端的叉形接头应在同一平面内。只有这种双万向联轴器才可以得到 $\omega_1 = \omega_3$。

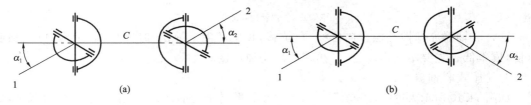

图 11.7　双万向联轴器

　　这类联轴器各元件的材料,除铆钉用 20 号钢外,其余多用合金钢,以获得较高的耐磨性及较小的尺寸。

　　这类联轴器结构紧凑,维护方便,广泛用于汽车、多头钻床等机器的传动系统中。

　　2.弹性联轴器

　　常用的弹性联轴器有:弹性套柱销联轴器、弹性柱销联轴器等。

　　1)弹性套柱销联轴器

　　如图 11.8 所示,弹性套柱销联轴器的构造与凸缘联轴器相似,只是用套有弹性套的柱销代替了连接螺栓,利用弹性套的弹性变形来补偿两轴的径向位移、角位移,预留间隙 C 补偿轴向位移。这种联轴器重量轻、结构简单,但弹性套易磨损、寿命短,用于冲击载荷小、启动频繁的中、小功率传动中。弹性套柱销联轴器已标准化。

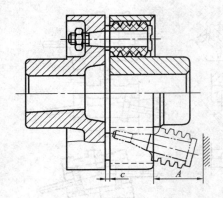

图 11.8 弹性套柱销联轴器

2)弹性柱销联轴器

如图 11.9 所示,这种联轴器与弹性套柱销联轴器很相似。两个半联轴器分别与两轴固定,而两半联轴器之间用弹性柱销(通常用尼龙制成)连接,为防止柱销滑出,在柱销孔端装有挡板。

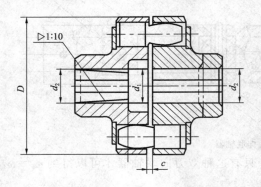
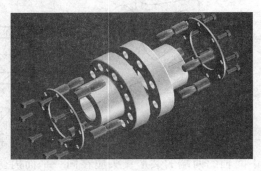

图 11.9 弹性柱销联轴器

这种联轴器靠弹性补偿径向位移、角位移,预留间隙 c 补偿轴向位移。结构简单,制造方便,成本低。主要用于启动、换向频繁的高速轴连接。

3)轮胎式联轴器

如图 11.10 所示为轮胎式联轴器。由于橡胶轮胎易于变形,因此,允许的相对位移较大,角位移可达 $5° \sim 12°$,轴向位移可达 $0.02D$,径向位移可达 $0.01D$,其中 D 为联轴器的外径。

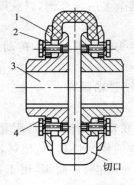

图 11.10 轮胎式联轴器

轮胎式联轴器结构简单,使用可靠,弹性大,寿命长,不需润滑,但径向尺寸大。可用于潮湿多尘、启动频繁之处。

11.2 离合器

常用的离合器有牙嵌式离合器和摩擦离合器两种,牙嵌式离合器属于啮合式离合器。

1. 牙嵌式离合器

牙嵌式离合器是由两个端面带有牙的半离合器组成,如图 11.11 所示。半离合器 1 固定在主动轴上,半离合器 2 用导向平键(或花键)与从动轴 3 连接,并通过操纵机构带动滑环 4 使其作轴向移动,以实现离合器的分离。为使两轴对中,在主动轴半离合器 1 上固定有对中环 5,从动轴伸入对中环内自由转动。

牙嵌离合器的牙形有三角形、矩形、梯形、锯齿形,如图 11.12 所示。三角形牙接合分离容易,但轴向分力大,多用于传递小扭矩的场合,如图 11.12(a)、(b)所示;矩形牙磨损后间隙无法补偿,

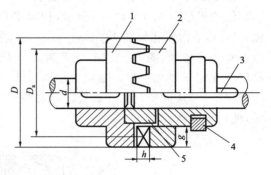

图 11.11 牙嵌式离合器

1、2—半离合器;3—从动轴;4—滑环;5—对中环

且不便接合与分离,仅用于静止状态的手动接合,如图 11.12(c)所示;梯形如图 11.12(d)所示,锯齿形牙如图 11.12(e)所示,它们接合分离容易,并可消除由于磨损产生的牙间间隙,减少冲击,牙的强度高,能用于传递较大的扭矩,应用较广,但锯齿形只能单向转动。

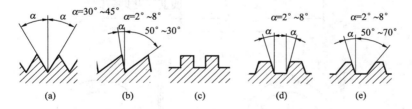

图 11.12 各种牙形图

牙嵌式离合器结构简单,外廓尺寸小,能传递较大转矩,接合后牙间无相对滑动,故两轴同步转动。缺点是接合时必须使主动轴慢速转动或停止,否则可能将牙撞断。

2. 摩擦离合器

摩擦离合器利用主、从动半离合器摩擦片接触表面间的摩擦力传递转矩。摩擦离合器的种类很多,常见的有单圆盘和多圆盘两种。

1)单圆盘摩擦离合器

图 11.13 所示为单圆盘摩擦离合器简图。其中半摩擦离合器 3 固定在主动轴 1 上,半摩擦离合器 4 可以沿导向平键在从动轴 2 上移动。移动滑环 5 可使两半离合

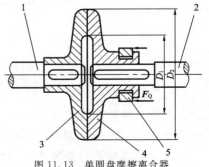

图 11.13 单圆盘摩擦离合器

1—主动轴;2—从动轴;

3、4—半摩擦离合器;5—滑环

器接合或分离。轴向压力可使两半离合器接合面间产生摩擦力。

单圆盘摩擦离合器优点：(1)在任何转速条件下两轴都可以进行接合；(2)过载时打滑，起保护作用；(3)接合平稳、冲击和振动小。

单圆盘摩擦离合器缺点：(1)接合过程中不可避免出现打滑，引起磨损和发热；(2)传递的转矩较小。

2)多圆盘摩擦离合器

图 11.14(a)所示为多圆盘摩擦离合器。这种离合器有两组摩擦片，其中一组外摩擦片5，其结构形状如图 11.14(b)所示，和固定在主动轴上的外套筒 2 以花键连接；另一组内摩擦片 6，其结构形状如图 11.14(c)所示，和固定在从动轴上的内套筒 4 也以花键连接。两组摩擦片交错排列，图 11.14(a)所示为离合器处于接合状态时的情况，此时交错排列的两组摩擦片互相压紧在一起。随同主动轴和外套筒一起旋转的外摩擦片通过摩擦力将运动传递给内摩擦片，从而使套筒 4 旋转。向右拨动滑环 7，角形杠杆 8 在弹簧 9 作用下将摩擦片放松，使两轴分离。

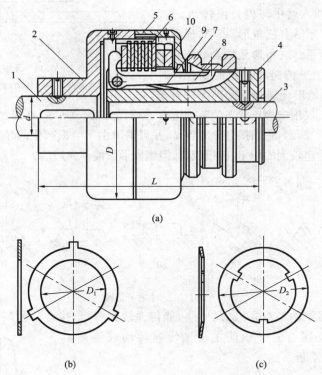

图 11.14 多圆盘摩擦离合器

1—主动轴；2—外套筒；3—从动轴；4—内套筒；5—外摩擦片；

6—内摩擦片；7—滑环；8—杠杆；9—弹簧

多圆盘摩擦离合器优点：(1)传递的转矩较大，传递的最大转矩可以调整；(2)操纵方便，接合平稳，分离迅速；(3)有过载保护作用。

多圆盘摩擦离合器缺点：(1)结构较复杂，外廓尺寸较大，成本高；(2)离合时因摩擦片间相对滑动，导致摩擦片磨损及产生较大的摩擦热，且不能保证两轴精确地同步转动。

使用场合:常用于频繁启动、制动或经常改变速度大小和方向的机械中,如汽车、机床等。

11.3 综合测试

一、填空题

1.离合器既可连接两轴,以传递_____和_____,又能根据_____随时使主、从动轴_____或_____。

2.离合器通常用于机械传动系统的_____、_____、_____和_____的操纵。

3.常用的机械离合器有_____和_____两种。

4.对离合器的要求是:工作_____,接合_____,分离_____。

5.联轴器和离合器是机械传动中常用的部件,它们都是用来_____,使其一起_____并传递_____的装置。

二、选择题

1.( )允许两轴间有较大的角位移,且传递转矩较大。

A.套筒联轴器　　　　　　　B.万向联轴器　　　　　　　C.凸缘联轴器

2.( )应用于载荷平稳、启动频繁、转速高,传递中、小转矩的场合。

A.齿轮联轴器　　　　　　　B.滑块联轴器　　　　　　　C.弹性套柱销联轴器

3.( )具有良好的补偿性,允许有综合位移。

A.滑块联轴器　　　　　　　B.套筒联轴器　　　　　　　C.齿轮联轴器

4.( )适用于两轴的对中性好、冲击较小及不经常拆卸的场合。

A.凸缘联轴器　　　　　　　B.滑块联轴器　　　　　　　C.万向联轴器

5.( )一般适用于低速、轴的刚度较大、无剧烈冲击的场合。

A.凸缘联轴器　　　　　　　B.滑块联轴器　　　　　　　C.万向联轴器

6.( )广泛用于金属切削机床、汽车、摩托车和各种起重设备的传动装置中。

A.牙嵌式离合器　　　　　　B.齿形离合器　C.超越式离合器

7.( )离合器常用于经常启动、制动,频繁改变速度大小和方向的机械中。

A.摩擦式　　　　　　　　　B.齿形　　　　　　　　　　C.牙嵌式

8.( )离合器多用于机床变速箱中。

A.齿形　　　　　　　　　　B.摩擦式　　　　　　　　　C.牙嵌式

9.( )离合器具有过载保护作用。

A.齿形　　　　　　　　　　B.超越式　　　　　　　　　C.摩擦式

三、判断题（在括号中,正确画"√",错误画"×"）.

1.自行车后飞轮采用了超越式离合器,因此,可以蹬车、滑行乃至回链。　　（　　）

2.汽车从启动到正常行驶过程中,离合器能方便地接合或断开动力的传递。　（　　）

3.离合器能根据工作需要使主、从动轴随时接合或分离。 （　　）

4.就连接、传动而言，联轴器和离合器是相同的。 （　　）

5.联轴器都具有安全保护作用。 （　　）

6.万向联轴器主要用于两轴相交的传动。为了消除不利于传动的附加动载荷，一般将万向联轴器成对使用。 （　　）

四、简述题

1.联轴器与离合器有什么区别？

2.常用联轴器与离合器有哪些类型？分别适用于什么场合？

模块五 液压传动

　　液压传动是利用有压力液体作为工作介质来传递动力或控制信号的一种传动方式。

　　液压传动相对于机械传动来说是一门新兴技术，其工作原理与机械传动有着本质不同。本模块介绍液压传动的基础知识、液压元件结构和作用、液压基本回路工作原理等。

液压传动的基础知识及液压元件

【实际问题】
在更换汽车轮胎时经常使用液压千斤顶支撑车体,那么液压千斤顶是如何工作的? 组成有哪些?

【学习目标】
(1)掌握液压传动系统的组成及各部分作用。
(2)掌握液压泵的类型及功用。
(3)掌握液压缸的类型及功用。

【教学内容】

12.1 液压传动的基本原理及组成

12.1.1 液压传动的基本原理

如图 12.1 所示为常见的液压千斤顶工作原理图。大小油腔的内部分别装有大活塞和小活塞,活塞与缸体之间保持一种良好的配合关系,不仅活塞能在缸体内滑动,而且配合面之间也能实现可靠的密封。液压千斤顶的工作过程如下:

1.吸油过程

当用手向上提起杠杆手柄 1 时,小活塞就被带动上行,泵体(油腔)2 中的密封工作容积便增大。这时,由于排油单向阀 3 和放油阀 8 分别关闭了它们各自所在的油路,所以在泵体2 中的工作容积扩大形成了部分真空。在大气压的作用下,油箱中的油液经油管打开吸油单向阀 4 并流入泵体 2 中,完成一次吸油动作,如图 12.2 所示。

单向阀保证通过阀的液流只向一个方向流动而不能反向流动。

2.压油和重物举升过程

当压下杠杆手柄 1 时,带动小活塞下移,泵体 2 中的小油腔工作容积减小,便把其中的油液挤出,推开排油单向阀 3(此时吸油单向阀 4 自动关闭了通往油箱的油路),油液便经油管进入液压缸(油腔)11,由于液压缸 11 也是一个密封的工作容积,所以进入的油液因受挤压而产生的作用力就会推动大活塞上升,并将重物顶起做功,如图 12.3 所示。反复提、压杠杆手柄,就可以使重物不断上升,达到起升的目的。

3.重物落下过程

需要大活塞向下返回时,将放油阀 8 开启(旋转 90°),则重物在自重的作用下,液压缸

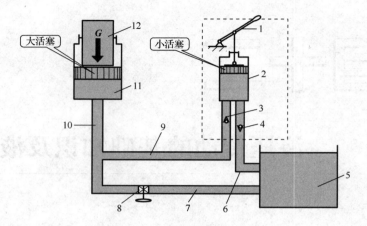

图 12.1 液压千斤顶工作原理图

1—杠杆手柄;2—泵体(油腔);3—排油单向阀;4—吸油单向阀;5—油箱;

6、7、9、10—油管;8—放油阀;11—液压缸(油腔);12—重物

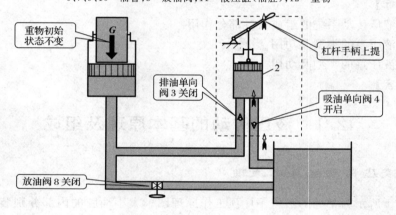

图 12.2 液压千斤顶吸油过程

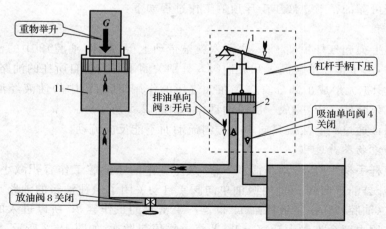

图 12.3 液压千斤顶压油过程

11 中的油液流回油箱 5,大活塞就下降到原位,如图 12.4 所示。

液压千斤顶是一个简单的液压传动装置,从其工作过程可以得出,液压传动的工作原理

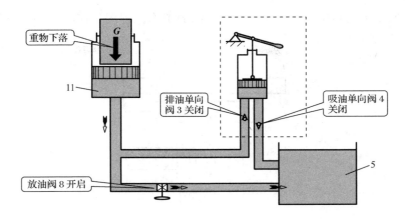

图 12.4　重物落下过程

是：以油液作为工作介质，通过密封容积的变化来传递运动，通过油液内部的压力来传递动力。液压传动装置实质上是一种能量转换装置，它先将机械能转换为便于输送的液压能，随后再将液压能转换为机械能做功。

12.1.2　液压传动系统的组成

通过以上分析可知液压传动系统的组成有：

1.动力部分

如图 12.1 中的元件 1、2、3、4 组成的系统称为液压泵，其作用是将机械能转换为液压能，即将油液从油箱中吸入，然后放出。

2.执行部分

如图 12.1 中的元件 11 形成的液压缸，将压力能转换为机械能。

3.控制部分

如图 12.1 中的元件 8 控制液体的流动，称为控制阀。控制阀有压力控制阀、流量控制阀、方向控制阀。

4.辅助部分

图 12.1 中的其余部分，如油箱、管路、接头、储油器、过滤器等。

5.传动介质

主要是指传递能量的液体介质，即各种液压油。

12.1.3　液压传动系统图及图形符号

图 12.1 所示的工作原理图，它有直观性强、容易理解的优点，但图形比较复杂，绘制比较麻烦。为了简化原理图的绘制，国家标准规定系统中各元件用图形符号表示。对于这些图形符号有以下几条基本规定：

(1)符号只表示元件的职能，连接系统的通路，不表示元件的具体结构和参数，也不表示元件在机器中的实际安装位置。

(2)元件符号内的油液流动方向用箭头表示，线段两端都有箭头的，表示流动方向可逆。

(3)符号均以元件的静止位置或中间零位置表示，当系统的动作另有说明时，可作例外。

图 12.5 所示为用液压系统图图形符号绘制的工作原理图。使用这些图形符号可使液压系统图简单明了,且便于绘图。

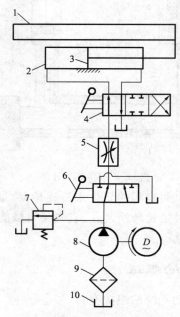

图 12.5 机床工作台液压系统的图形符号图
1—工作台;2—液压缸;3—油塞;4—换向阀;5—节流阀;
6—开停阀;7—溢流阀;8—液压泵;9—滤油器;10—油箱

12.1.4 液压传动的特点

液压传动之所以能得到广泛的应用,是由于它具有以下优点:

(1)由于液压传动是油管连接,所以借助油管的连接可以方便灵活地布置传动机构,这是比机械传动优越的地方。例如,在井下抽取石油的泵可采用液压传动来驱动,以克服长驱动轴效率低的缺点。由于液压缸的推力很大,又加之极易布置,在挖掘机等重型工程机械上,已基本取代了老式的机械传动,不仅操作方便,而且外形美观大方。

(2)液压传动装置的重量轻、结构紧凑、惯性小。例如,相同功率液压马达的体积为电动机的 12%~13%。液压泵和液压马达单位功率的重量指标,目前是发电机和电动机的十分之一,液压泵和液压马达可小至 0.002 5 N/W,发电机和电动机则约为 0.03 N/W。

(3)可在大范围内实现无级调速。借助阀或变量泵、变量马达,可以实现无级调速,调速范围可达 1:2 000,并可在液压装置运行的过程中进行调速。

(4)传递运动均匀平稳,负载变化时速度较稳定。正因为此特点,金属切削机床中的磨床传动现在几乎都采用液压传动。

(5)液压装置易于实现过载保护——借助于设置溢流阀等,同时液压件能自行润滑,因此使用寿命长。

(6)液压传动容易实现自动化——借助于各种控制阀,特别是采用液压控制和电气控制结合使用时,能很容易地实现复杂的自动工作循环,而且可以实现遥控。

（7）液压元件已实现了标准化、系列化和通用化，便于设计、制造和推广使用。

液压传动的缺点：

（1）液压系统中的漏油等因素，影响运动的平稳性和正确性，使得液压传动不能保证严格的传动比。

（2）液压传动对油温的变化比较敏感，温度变化时，液体黏性变化，引起运动特性的变化，使得工作的稳定性受到影响，所以它不宜在温度变化很大的环境条件下工作。

（3）为了减少泄漏，以及为了满足某些性能上的要求，液压元件的配合件制造精度要求较高，加工工艺较复杂。

（4）液压传动要求有单独的能源，不像电源那样使用方便。

（5）液压系统发生故障不易检查和排除。

总之，液压传动的优点是主要的，随着设计制造和使用水平的不断提高，有些缺点正在逐步加以克服，液压传动有着广泛的发展前景。

12.2 液压传动系统的压力与流量

12.2.1 压力的形成及传递

1. 液压系统压力的形成

液体的压力是由液体的自重和液体表面受到的外力两部分组成。如图 12.6 所示为由液压泵的出油腔、液压缸左腔以及连接管道组成的一个密封容积。液压泵启动后，将油箱中的油液吸入并推入到这个密封容积中，但活塞因受到负载 F 的作用而阻碍这个密封容积的扩大，于是其中的油液受到压缩，压力就升高。当压力升高到能克服负载 F 时，活塞才能被压力油所推动。由此可见，液压系统中油液的压力是由油液的前面受负载阻力的阻挡，后面受液压泵输出油

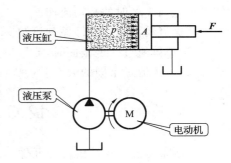

图 12.6 液压系统中压力的形成

液的不断推动而处于一种"前阻后推"的状态下产生的，而压力的大小取决于负载。液体的自重也能产生压力，但一般较小，通常情况下可忽略不计。

2. 液压系统及元件的公称压力

液压系统及元件在正常工作条件下，按实验标准连续运转的最高工作压力称为额定压力。超过此值，液压系统便过载。液压系统必须在额定压力以下工作。额定压力是液压元件的基本参数之一。

12.2.2 流量和流速

流量和平均流速是描述液体流动的两个主要参数。

1. 流量

单位时间内流过管道某一截面的液体体积称为流量。若在时间 t 内流过的液体体积为

V,则流量 $q=\dfrac{V}{t}$。

流量的国际单位为 $\mathrm{m^3/s}$,实际上常用单位还有 $\mathrm{L/min}$ 或 $\mathrm{mL/s}$。换算公式为

$$1\ \mathrm{m^3/s}=6\times10^4\ \mathrm{L/min}$$

2. 流速

流速是指流动液体内的质点在单位时间内流过的距离,以 v 表示,单位为 $\mathrm{m/s}$。由于液体具有黏性,所以在管道中流动时,由于管壁与液体之间的摩擦,在同一截面上各点的实际流速不相等。越接近管道中心,液体流速越高,越接近管壁其流速越低。在一般情况下,所说的液体在管道中的流速均指平均流速。

液体流量 q、流速 v 以及液体流通截面积 A 的关系为

$$q=Av$$

3. 液流的连续性

液体的可压缩性很小,在一般情况下,可作为理想液体。理想液体在无分支管路中稳定流动时,通过每一截面的流量相等,称为液流连续性原理,如图 12.7 所示。即

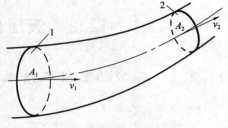

$$v_1A_1=v_2A_2$$

式中,A_1、A_2 分别为截面 1、2 的面积;v_1、v_2 分别为液体流经截面 1、2 时的平均流速。

图 12.7　液流连续性原理

根据流动液体连续性原理可知:

(1)液体流过一定截面时,流量越大,流速则越高。

(2)液体流过不同的截面时,在流量不变的情况下,截面越大,流速越小。

12.3　液压动力元件

液压泵是液压系统的动力元件,它是将电动机或其他原动机输出的机械能转换为液压能的装置。其作用是向液压系统提供压力油。

12.3.1　液压泵的分类

1. 按液压泵输出的流量能否调节分类

(1)定量液压泵:液压泵输出的流量不能调节,即单位时间内输出的液体体积是一定的。

(2)变量液压泵:液压泵输出的流量可以调节,即根据系统的需要,泵输出不同的流量。

2. 按液压泵输油方向能否改变分类

(1)单向液压泵:液压泵吸油口和出油口不能调换。

(2)双向液压泵:液压泵吸油口和出油口能调换。

3. 按液压泵结构分类

(1)旋转式液压泵:齿轮泵、叶片泵、柱塞泵、螺杆泵等。

(2)往复式液压泵。

4. 按液压泵的压力分类

见表 12.1 所示。

表 12.1   按压力分类

液压泵类型	低压泵	中压泵	中高压泵	高压泵	超高压泵
压力范围/MPa	0~2.5	2.5~8	8~16	16~32	32 以上

12.3.2 液压泵工作原理

图 12.8 所示为一个简单的单柱塞泵的结构示意图,下面以它为例说明液压泵的基本工作原理。

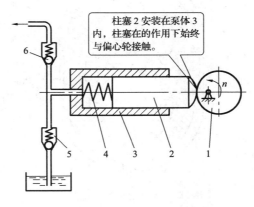

图 12.8 液压泵工作原理图
1—偏心轮;2—柱塞;3—泵体;4—弹簧;5、6—单向阀

当偏心轮转动时,柱塞受偏心轮驱动力和弹簧力的作用分别作左右运动。当柱塞向右运动时,其左端和泵体间的密封容积增大,形成局部真空,油箱中的油液在大气压的作用下通过单向阀 5 进入泵体内,单向阀 6 封住出油口,防止系统中的油液回流,此时液压泵完成吸油过程。

当柱塞向左运动时,密封容积减小,单向阀 5 封住吸油口,防止油液流回油箱,于是泵体内的油液受到挤压,便经单向阀 6 进入系统,此时液压泵完成压油过程。若偏心轮不停地转动,泵体就不断地吸油和压油。

由上述可知,液压泵是通过密封容积的变化来进行吸油和压油的。利用这种原理做成的液压泵称为容积式泵。机械设备中一般均采用这种泵。

容积式泵主要具有以下基本特点:

(1)具有若干个密封且又可以周期性变化的空间。液压泵的输出流量与此空间的容积变化量和单位时间内的变化次数成正比,与其他因素无关。

(2)油箱内液体的绝对压力必须恒等于或大于大气压力,这是容积式液压泵能够吸入油液的外部条件。为保证液压泵正常吸油,油箱必须与大气相通,或采用密闭的冲压油箱。

(3)具有相应的配流机构。配流机构可以将液压泵的吸油腔和排液腔隔开,保证液压泵有规律地连续吸排液体。不同结构的液压泵,其配流机构也不相同。

12.3.3 液压泵及图形符号

液压泵的种类很多,按照结构的不同,常用的液压泵有齿轮泵、叶片泵、柱塞泵和螺杆泵等;按其输油方向能否改变分为单向泵和双向泵;按其输出的流量能否调节分为定量泵和变量泵；按其额定压力的高低分为低压泵、中压泵和高压泵等。

1.齿轮泵

齿轮泵有外啮合齿轮泵和内啮合齿轮泵两种结构形式。外啮合齿轮泵结构简单，成本低，抗污及自吸性好，因此广泛应用于低压系统。

外啮合齿轮泵工作原理图如图 12.9 所示。

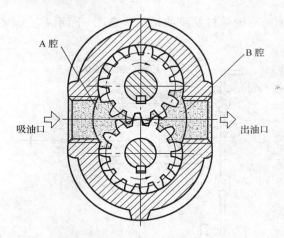

图 12.9　外啮合齿轮泵工作原理图

齿轮泵是一种容积式回转泵。当一对啮合齿轮中的主动齿轮由电动机带动旋转时，从动齿轮与主动齿轮啮合而转动。在 A 腔，由于轮齿不断脱开啮合使容积逐渐增大，形成局部真空，从油箱吸油，随着齿轮的旋转，充满在齿槽内的油被带到 B 腔，B 腔中由于轮齿不断进入啮合，容积逐渐减小，把油排出。

2.叶片泵

根据工作方式的不同，叶片泵分为单作用式叶片泵和双作用式叶片泵两种。单作用式叶片泵一般为变量泵，双作用式叶片泵一般为定量泵。双作用式叶片泵工作原理图如图12.10 所示。

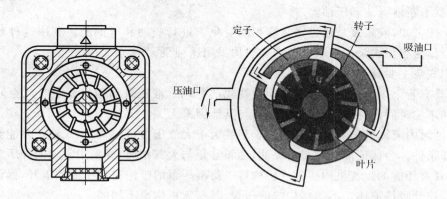

图 12.10　双作用式叶片泵工作原理图

双作用式叶片泵的工作原理：转子旋转时，叶片在离心力和压力油的作用下，尖部紧贴在定子内表面上。这样，两个叶片与转子和定子内表面所构成的工作容积先由小到大吸油，再由大到小排油，叶片旋转一周时，完成两次吸油和两次排油。

3.柱塞泵

按照柱塞排列方向的不同,柱塞泵分为径向柱塞泵和轴向柱塞泵两种。由于径向柱塞泵的结构特点使其应用受到限制,已逐渐被轴向柱塞泵所代替。轴向柱塞泵工作原理图如图 12.11 所示。

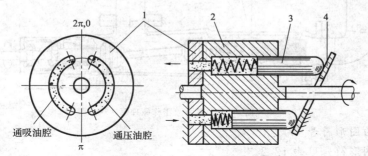

图 12.11　轴向柱塞泵工作原理图
1—配流盘;2—缸体;3—柱塞;4—斜盘

轴向柱塞泵是利用与传动轴平行的柱塞在柱塞孔内往复运动所产生的容积变化来进行工作的。柱塞泵由缸体与柱塞构成,柱塞在缸体内作往复运动,在工作容积增大时吸油,在工作容积减小时排油。

4.螺杆泵

螺杆泵主要有转子式容积泵和回转式容积泵两种。按螺杆数不同,又有单螺杆泵、双螺杆泵和三螺杆泵之分。单螺杆泵结构如图 12.12 所示。

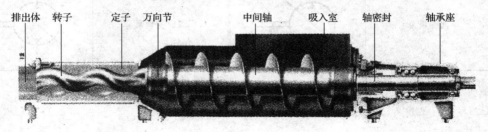

图 12.12　单螺杆泵结构

螺杆泵的主要工作部件是偏心螺旋体的螺杆(称为转子)和内表面呈双线螺旋面的螺杆衬套(称为定子)。其工作原理图如图 12.13 所示。当电动机带动泵轴转动时,螺杆一方面绕本身的轴线旋转,另一方面它又沿衬套内表面滚动,于是形成泵的密封腔室。螺杆每转一周,密封腔内的液体向前推进一个螺距,随着螺杆的连续转动,液体以螺旋形方式从一个密封腔压向另一个密封腔,最后挤出泵体。

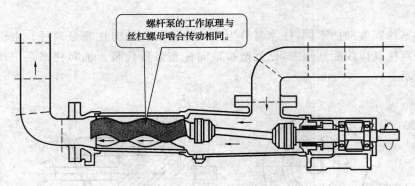

螺杆泵的工作原理与
丝杠螺母啮合传动相同。

图 12.13　螺杆泵工作原理图

5.液压泵的图形符号

液压泵的图形符号见表 12.2。

表 12.2　　　　　　　　　　液压泵的图形符号

类　型	图形符号	类　型	图形符号
单向定量泵		双向定量泵	
单向变量泵		双向变量泵	

12.4　液压执行元件

　　液压缸是液压系统中的执行元件,它能将液压能转换为机械能,输出运动和力,且结构简单、工作可靠。

12.4.1　液压缸典型结构

　　1.活塞式液压缸

　　1)双杆活塞式液压缸

　　活塞上所固定的活塞杆从液压缸体两侧伸出的液压缸,称为双杆活塞式液压缸。

　　如图 12.14 所示为双杆活塞式液压缸,它是双作用式液压缸,由缸体、活塞和两根活塞杆组成,活塞两侧都可以被加压。这种液压缸的安装方式有两种:缸体固定(如图 12.14 所示,活塞杆带动工作台移动)和活塞杆固定(如图 12.15 所示,缸体带动工作台移动)。

　　双杆活塞式液压缸的工作特点如下:

　　(1)双作用双活塞杆式液压缸两腔的活塞杆直径 d 和活塞有效作用面积 A 通常是相等的。因此,当左、右两腔相继进入压力油时,若流量 q 及压力 p 相等,则活塞(或缸体)往复运

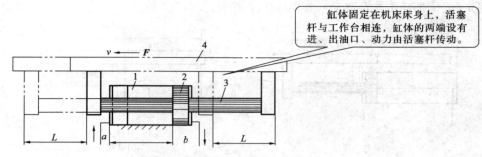

图 12.14　缸体固定的双作用双活塞杆式液压缸

1—缸体；2—活塞；3—活塞杆；4—工作台

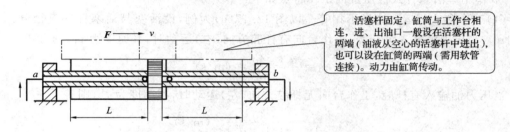

图 12.15　活塞杆固定的双作用双活塞杆式液压缸

动的速度（v_1 与 v_2）及两个方向的液压推力（F_1 与 F_2）相等。

（2）采用缸体固定的双作用双活塞杆式液压缸，其工作台往复运动范围为活塞有效行程的 3 倍，占地面积较大，常用于小型设备。

采用活塞杆固定的双作用双活塞杆式液压缸，其工作台往复运动范围为活塞有效行程的 2 倍，占地面积较小，常用于大中型设备。

2）单杆活塞式液压缸

单杆活塞式液压缸的结构特点是活塞的一端有杆，而另一端无杆，活塞两端的有效作用面积不等。分双作用液压缸和单作用液压缸。双作用液压缸如图 12.16 所示，其活塞杆伸出和缩回均由液压油推动实现，这种液压缸常用于实现机床的较大负载、慢速工作进给和空载时的快速退回。

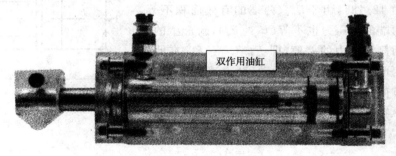

图 12.16　双作用单活塞杆式液压缸

单作用液压缸反向回程要靠重力、弹簧力等实现，可应用在只要求液压力在单个方向上做功的场合。

双作用单活塞杆式液压缸也有两种安装方式：缸体固定（活塞杆带动工作台移动）和活

塞杆固定（缸体带动工作台移动），如图 12.17 所示。

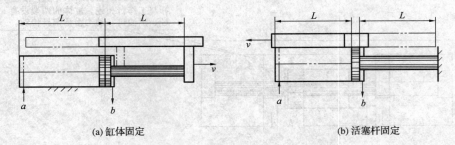

(a) 缸体固定　　　　　　　　　　(b) 活塞杆固定

图 12.17　双作用单活塞杆式液压缸的安装方式

双作用单活塞杆式液压缸的工作特点如下：

（1）工作台往复运动速度不相等。以图 12.17(a)为例，设活塞与活塞杆的直径分别为 D 和 d。当压力油输入无杆腔，工作台向有杆腔方向（右）运动时，其速度为 v_1，则有

$$v_1 = \frac{q}{A_1} = \frac{4q}{\pi D^2} \quad (\text{m/s})$$

当压力油输入有杆腔，工作台向无杆腔方向（左）运动时，其速度为 v_2，则有

$$v_2 = \frac{q}{A_2} = \frac{4q}{\pi(D^2 - d^2)} \quad (\text{m/s})$$

（2）活塞两方向的作用力不相等。当压力油输入无杆腔时，油液对活塞的作用力（克服较大的外负载）为 F_1，则有

$$F_1 = pA_1 = p\,\frac{\pi D^2}{4} \quad (\text{N})$$

当压力油输入有杆腔时，油液对活塞的作用力（克服摩擦力的作用）为 F_2，则有

$$F_2 = pA_2 = p\,\frac{\pi(D^2 - d^2)}{4} \quad (\text{N})$$

因为 $F_1 > F_2$，$v_1 < v_2$，所以双作用单活塞杆式液压缸在工作中，当无杆腔进油时，带动工作台作慢速工作进给运动，用于克服较大外负载的作用；当有杆腔进油时，工作台快速运动时，活塞获得的推力小。

（3）可作差动连接。当压力油同时进入液压缸的左、右腔时（图 12.18），由于活塞两端的有效面积不等，作用于活塞两端的液压力也不等（$F_1 > F_2$），新产生的推力等于活塞两侧液压力的差值，即 $F_3 = F_1 - F_2$，在此推力 F_3 的作用下，活塞产生差动运动，获得速度 v_3，工作台向有杆腔方向（右）运动。这时，液压缸有杆腔排出的油液进入液压缸无杆腔，无杆腔得到的总流量增加，有

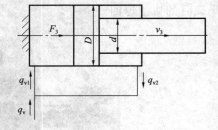

图 12.18　差动缸

$$q_{v1} = q_v + q_{v2}$$

因为 　　　　　　　　　　$q_{v1} = A_1 v_3$，$q_{v2} = A_2 v_3$

所以 　　　　　　　　　　$A_1 v_3 = q_v + A_2 v_3$

整理后得

$$v_3 = \frac{q_v}{A_1 - A_2} = \frac{q_v}{A_3} \quad (\text{m/s})$$

而推力为

$$F_3 = F_1 - F_2 = p(A_1 - A_2) = pA_3 \quad (N)$$

式中，A_3 为活塞两端有效作用面积之差，即活塞杆的截面积为

$$A_3 = A_1 - A_2 = \frac{\pi d^2}{4} \quad (m^2)$$

2. 液压缸的类型及图形符号

常见液压缸可按结构形式特点和作用方式进行分类见表 12.3。

表 12.3　　　　　　　　　　　　　液压缸的类型及图形符号

类型	名　称	图形符号	说　明
单作用液压缸	柱塞式液压缸		柱塞仅单向运动，返回行程是利用自重或负荷将柱塞推回
	单活塞杆液压缸		活塞仅单向运动，返回行程是利用自重或负荷将活塞推回
	双活塞杆液压缸		活塞的两侧都装有活塞杆，只能向活塞一侧供给压力油，返回行程通常利用弹簧力、重力或外力推回
	伸缩液压缸		以短缸获得长行程。用液压油由大到小逐节推出，靠外力由小到大逐节缩回
双作用液压缸	单活塞杆液压缸		单边有杆，双向液压驱动，双向推力和速度不等
	双活塞杆液压缸		双边有杆，双向液压驱动，可实现等速往复运动
	伸缩液压缸		双向液压驱动，伸出由大到小逐节推出，由小到大逐节缩回
组合液压缸	齿条传动液压缸		经装在一起的齿条驱动齿轮，使活塞作往复回转运动

12.4.2　液压缸的密封、缓冲及排气

1. 液压缸的密封

液压缸及其他液压元件，凡是容易泄漏的地方，都应该采取密封措施。对于液压系统的执行元件，液压缸密封性能的好坏直接影响其工作性能和效率，因此要求液压缸所选用的密封元件，应在一定的压力下具有良好的密封性能，使泄漏不至于因压力升高而显著增加。

液压缸常用的密封方法有间隙密封和密封圈密封。

1)间隙密封

间隙密封是依靠运动件之间很小的配合间隙来保证密封的,如图 12.19 所示。这种密封摩擦力小,内泄漏量大,密封性能差且加工精度要求高,只适用于低压、运动速度较快的场合。

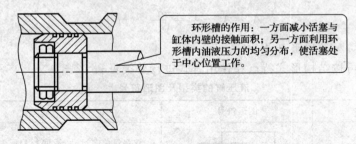

> 环形槽的作用:一方面减小活塞与缸体内壁的接触面积;另一方面利用环形槽内油液压力的均匀分布,使活塞处于中心位置工作。

图 12.19　间隙密封

2)密封圈密封

密封圈密封是液压系统中应用最广泛的一种密封方法,如图 12.20 所示。密封圈通常用耐油橡胶压制而成,它通过本身的受压弹性变形来实现密封。橡胶密封圈的断面通常做成 O 形(图 12.21)、Y 形(图 12.22)和 V 形(图 12.23)。

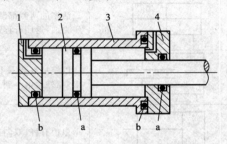

图 12.20　O 形密封圈在液压缸中的应用

1—前端盖;2—活塞;3—缸体;4—后端盖;a—动密封;b—静密封

> O 形密封圈断面呈圆形,密封性能良好,摩擦阻力较小,结构简单,制造容易,体积小,装卸方便,适用压力范围较广,因此应用普遍。既可作动密封,又可作静密封。

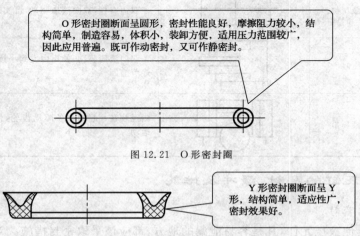

图 12.21　O 形密封圈

> Y 形密封圈断面呈 Y 形,结构简单,适应性广,密封效果好。

图 12.22　Y 形密封圈

Y 形密封圈和 V 形密封圈在压力油的作用下,其唇边张开,紧贴在密封表面上。油压越大,密封性能越好,但使用时要注意安装方向,使其在压力油的作用下能张开。

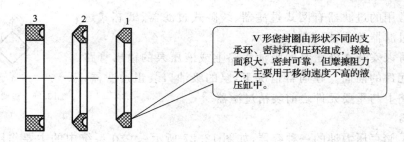

V形密封圈由形状不同的支承环、密封环和压环组成，接触面积大，密封可靠，但摩擦阻力大，主要用于移动速度不高的液压缸中。

图 12.23　V形密封圈

2. 液压缸的缓冲

液压缸的缓冲结构(图 12.24)是为了防止活塞在行程终了时，由于惯性力的作用与端盖发生撞击，影响设备的使用寿命。特别是当液压缸驱动重负荷或运动速度较大时，液压缸的缓冲就显得特别重要。液压缸缓冲的原理是当活塞将要达到行程终点、接近端盖时，增大回油阻力，以降低活塞的运动速度，从而减小和避免对活塞的撞击。

3. 液压缸的排气

液压系统中的油液如果混有空气将会严重地影响工作部件的平稳性，为了便于排除积留在液压缸内的空气，油液最好从液压缸的最高点进入，使空气随油液排往油箱，再从油面逸出。对运动平稳性要求较高的液压缸，常在两端最高位置处装有排气塞(图 12.25)。工作前拧开排气塞，使活塞全行程空载往返数次，空气即可通过排气塞排出。空气排净后，需把排气塞拧紧，再进行工作。

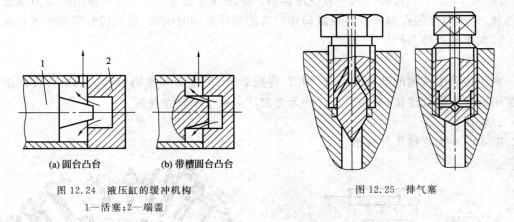

(a) 圆台凸台　　(b) 带槽圆台凸台

图 12.24　液压缸的缓冲机构
1—活塞；2—端盖

图 12.25　排气塞

12.5　液压辅助元件

液压辅助元件包括油管和管接头、密封件、过滤器、液压油箱、热交换器，它们是液压系统不可缺少的部分。辅助元件对系统的工作稳定性、可靠性、寿命、温升甚至动态性能都有直接影响。其中，液压油箱一般根据系统的要求自行设计，辅助元件都有标准化产品供选用。

1. 过滤器

在液压系统中，保持油的清洁是十分重要的，油中的脏物会造成运动零件划伤、磨损，甚至卡死，还会堵塞阀和管道小孔，影响系统的工作性能并造成故障，因此，需用过滤器对油液

进行过滤。常用的过滤器有网式过滤器、线隙式过滤器、纸芯式过

滤器和磁性过滤器等,如图 12.26 所示。

过滤器可以安装在液压泵的吸油管路上或液压泵的输出管路

上以及重要元件的前面。在通常情况下,泵的吸油口装粗过滤器,

泵的输出管路上与重要元件之前装精过滤器。

图 12.26　过滤器图形符号

2. 蓄能器

蓄能器是储存压力油的一种容器,如图 12.27 所示。它在系统中的主要作用是可以在

短时间内供应大量压力油,补偿泄漏以保持系统压力,消除压力脉动与缓和液压冲击等。

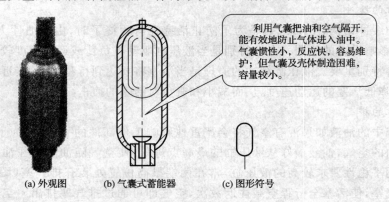

利用气囊把油和空气隔开,能有效地防止气体进入油中。气囊惯性小,反应快,容易维护;但气囊及壳体制造困难,容量较小。

(a) 外观图　　　(b) 气囊式蓄能器　　　(c) 图形符号

图 12.27　蓄能器

图 12.28 所示为蓄能器的一种应用实例。在液压缸停止工作时,泵输出的压力油进入

蓄能器,将压力能储存起来。液压缸动作时蓄能器与泵同时供油,使液压缸得到快速运动。

3. 油管和管接头

1)油管

液压传动中常用的油管有钢管、铜管、橡胶软管、尼龙管和塑料管等。固定元件间的油

管常用钢管和铜管连接,有相对运动的元件之间一般采用软管连接。

2)管接头

图 12.29 为管接头外观图。

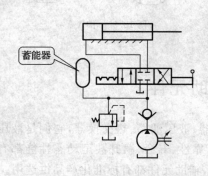

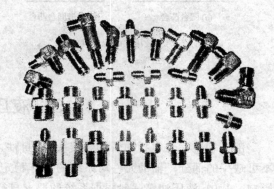

图 12.28　蓄能器应用实例　　　　　图 12.29　管接头

管接头用于油管与油管、油管与液压元件间的连接。管接头形式很多。

4. 油箱

油箱的用途是储油、散热、沉淀油液中的杂质及逸出渗入油液中的空气。在机床液压系统中,可以利用床身或底座内的空间作油箱,使机床结构比较紧凑,并容易回收机床漏油,但油温变化时容易引起机床的热变形,液压泵装置的振动也会影响机床的工作性能。所以,精密机床多采用单独油箱。如图 12.30 所示为液压泵卧式安置的油箱。

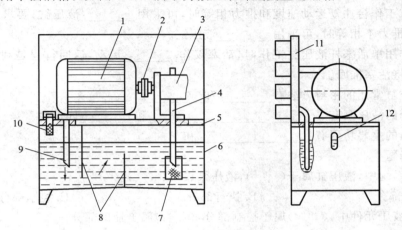

图 12.30 液压泵卧式安置的油箱
1—电动机;2—联轴器;3—液压泵;4—吸油管;5—盖板;6—油箱体;7—过滤器;
8—隔板;9—回油管;10—加油口;11—控制阀连接板;12—液位计

12.6 综合测试

一、填空题

1. 液压传动的工作原理是:以_____作为工作介质,通过密封容积的变化来传递_____,通过油液内部的压力来传递_____。

2. 液压系统除工作介质油液外,一般由_____、_____、_____和_____部分组成。

3. 液压系统控制部分是用来控制和调节油液的_____、_____和_____。

4. 液压传动装置实质上是一种_____转换装置,它先将_____转换为便于输送的液压能,随后又将液压能转换为_____。

5. 液压系统辅助部分主要起_____、_____、_____和_____等作用,保证系统正常地工作。

6. 在液压传动中,为了简化原理图的绘制,系统中各元件用_____表示。

7. 在液压传动中,压力的大小决定于_____。

8. 在液压传动中,_____和_____是描述液体流动的两个主要参数。

9. 在液压传动中,常常利用改变_____的办法来控制流量和压力。

10. 液压泵是液压系统的_____,它是把电动机或其他原动机输出的_____转换成_____的装置,其作用是向液压系统提供_____。

11. 对容积式液压泵来讲,当密封容积增大时,就可以进行_____,密封容积减小时,就可以_____。

12. 液压缸是液压系统中的_____，它能将_____转换为直线运动形式的_____，输出_____和_____。

13. 双作用单活塞杆液压缸的结构特点是：活塞的一端_____，而另一端_____，所以活塞两端的有效作用面积_____。

14. 要求工作台往复运动速度和推力相等时，可采用_____液压缸；要求工作台往复运动速度和推力不相等时，可采用_____液压缸。

15. 单作用单活塞杆液压缸工作时，活塞仅作_____运动，返回行程是利用_____或_____将活塞推回。

16. 液压缸常用的密封方法有_____和_____。

17. 常用的液压泵有_____、_____、_____和_____四大类。

18. 油箱的主要功用有_____、_____和_____。

二、选择题

1. 液压系统中，液压缸属于（　　），液压泵属于（　　）。
   A. 动力部分　　　　　　　B. 执行部分　　　　　　　C. 控制部分

2. 下列液压元件中，（　　）属于控制部分，（　　）属于辅助部分。
   A. 油箱　　　　　　　　　B. 液压马达　　　　　　　C. 单向阀

3. （　　）是用来控制油液流动方向的。
   A. 单向阀　　　　　　　　B. 过滤器　　　　　　　　C. 手动柱塞泵

4. 液压系统中，将输入的液压能转换为机械能的元件是（　　）。
   A. 单向阀　　　　　　　　B. 液压缸　　　　　　　　C. 手动柱塞泵

5. 液压系统中，液压泵是将电动机输出的（　　）转换为油液的（　　）。
   A. 机械能　　　　　　　　B. 电能　　　　　　　　　C. 压力能

6. 液压缸中，活塞的运动速度（　　）液压缸内油液的平均流速。
   A. 大于　　　　　　　　　B. 等于　　　　　　　　　C. 小于

7. 在无分支管路中，油液作稳定流动时，流经管路不同截面时的平均流速与其截面面积大小（　　）关系。
   A. 成反比　　　　　　　　B. 成正比　　　　　　　　C. 没有

8. 对双作用单活塞杆液压缸来说，若输入的流量和工作压力不变，则当无活塞杆油腔进油时产生的作用力（　　）。
   A. 较大　　　　　　　　　B. 较小　　　　　　　　　C. 不变

9. 液压泵能进行吸、压油的根本原因在于（　　）的变化。
   A. 工作压力　　　　　　　B. 电动机转速　　　　　　C. 密封容积

10. 对双作用单活塞杆液压缸来说，若输入的流量和工作压力不变，则当无活塞杆油腔进油时产生的作用力（　　）。
    A. 较大　　　　　　　　　B. 较小　　　　　　　　　C. 不变

11. 可作差动连接的液压缸是（　　）液压缸。
    A. 双作用双活塞杆　　　　B. 双作用单活塞杆　　　　C. 单作用双活塞杆

12. 对运动平稳性要求较高的液压缸，为了便于排除积留在液压缸内的空气，常在液压缸两端装有（　　　）。

    A. 密封圈   B. 缓冲结构   C. 排气塞

三、判断题（在括号中，正确画"√"，错误画"×"）

1. 液压传动装置实质上是一种能量转换装置。（　　　）

2. 液压元件易于实现系列化、标准化、通用化。（　　　）

3. 在液压千斤顶中，油箱属于液压系统的控制部分。（　　　）

4. 辅助部分在液压系统中可有可无。（　　　）

5. 液压传动系统易于实现过载保护。（　　　）

6. 液压传动存在冲击，传动不平稳。（　　　）

7. 在液压传动中，泄漏会引起能量损失。（　　　）

8. 液压系统中的油液如果混有空气将会严重地影响工作部件的平稳性。（　　　）

9. 双作用单活塞杆液压缸两个方向所获得的作用力是不相等的。（　　　）

10. 双活塞杆液压缸可实现差动连接。（　　　）

11. 双作用单活塞杆液压缸差动连接时，当液压缸缸体固定时，活塞一定向有杆腔方向移动。（　　　）

12. 双作用单活塞杆液压缸，活塞杆面积越大，活塞往复运动的速度差别越小。（　　　）

13. 液压缸密封性能的好坏，对液压缸的工作性能没有影响。（　　　）

项目十三

液压系统基本回路

【实际问题】

液压系统有哪些用途？执行元件速度、运动方向如何控制？

【学习目标】

(1)掌握单向阀、换向阀、节流阀、调速阀、溢流阀、减压阀、顺序阀的工作原理和应用。

(2)掌握压力控制回路、速度控制回路、方向控制回路的功用。

【教学内容】

不论机械设备的液压传动系统如何复杂,都是由一些液压基本回路组成的。所谓基本回路就是由有关的液压元件组成,用来完成特定功能的典型油路。例如,用来调节执行元件运动速度的调速回路、用来控制系统中液体压力的调压回路,用来改变执行元件运动方向的换向回路等,这些都是液压系统中常用的基本回路。

本节重点介绍常用的方向控制回路、速度控制回路、压力控制回路等几大类。

13.1 方向控制回路

在液压系统中,控制执行元件的启动、停止及换向的回路称为方向控制回路。方向控制回路有换向回路和锁紧回路。

13.1.1 方向控制阀

控制油液流动方向的阀称为方向控制阀。按用途分为单向阀和换向阀,如图 13.1所示。

(a) 单向阀

(b) 换向阀

图 13.1 方向控制阀

1. 单向阀

单向阀的作用是保证通过阀的液流只向一个方向流动而不能反方向流动,一般由阀体、阀芯和弹簧等零件构成。如图 13.2 所示,图(a)为直通式结构,图(b)为直角式结构。单向阀的图形符号如图 13.3 所示。压力油从进油口 P_1 流入,从出油口 P_2 流出。反向时,因油口 P_2 一侧的压力油将阀芯紧压在阀体上,使阀口关闭,油液不能流动。

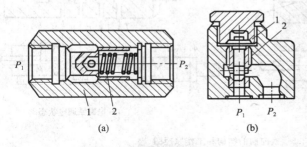

图 13.2 单向阀的结构 　　　　　　　　　　图 13.3 图形符号
1—阀体;2—阀芯

　　根据液压系统的需要,有时要使被单向阀所闭锁的油路重新接通,因此可把单向阀做成闭锁油路能够控制的结构,这就是液控单向阀。如图 13.4 所示为液控单向阀的结构原理图及图形符号。

　　在图 13.4(a)中,当控制油口 K 未通控制压力油时,主通道中的油液只能从进油口 P_1 流入,顶开阀芯从出油口 P_2 流出,相反方向则闭锁。当控制油口 K 接通控制压力油时,控制活塞往右移动,借助于右端悬伸的顶杆将阀芯顶开,使进油口和出油口接通,油液可以沿两个方向自由流动。由控制油口 K 泄出的油液经泄油口 X 流回油箱。

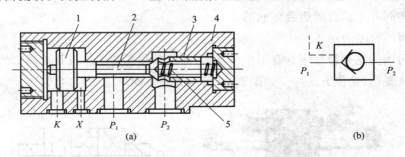

图 13.4 液控单向阀的结构原理图及图形符号
1—控制活塞;2—顶杆;3—阀芯;4—阀体;5—弹簧;2—换向阀

2.换向阀

　　换向阀是利用阀芯对于阀体的相对运动,来接通、关断或变换油流动方向,实现液压执行元件的启动、停止或换向控制。

　　1)换向阀的结构和工作原理

　　图 13.5 所示的二位四通电磁换向阀由阀体 1、复位弹簧 2、阀芯 3、电磁铁 4 和衔铁 5 组成。阀芯能在阀体孔内自由滑动,阀芯和阀体孔都开有若干段环形槽,阀体孔内的每段环形槽都有孔道与外部的相应阀口相通。

　　图 13.5(a)所示为电磁铁断电状态,换向阀在复位弹簧作用下处于常态位,换向阀右位(图形符号)接入系统,通口 P、B 和通口 A、T 分别相通,液压泵输出的压力油经通口 P、B

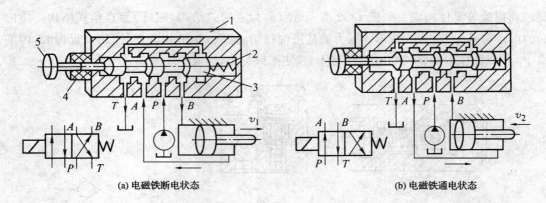

图 13.5　换向阀的结构和工作原理图

1—阀体；2—复位弹簧；3—阀芯；4—电磁铁；5—衔铁

进入活塞缸的左腔，推动活塞以速度 v_1 向右移动；缸右腔内的油液经另外两通口 A、T 流回油箱。

图 13.5(b) 所示为电磁铁通电状态，衔铁被吸合并将阀芯推至右端，换向阀（图形符号）左位接入系统，液压泵输出的压力油经换向阀通口 P、A 进入活塞缸右腔，推动活塞以速度 v_2 向左移动；缸左腔内的油液经另外两通口 B、T 流回油箱。

2）换向阀的分类

按阀芯在阀体上的工作位置数和换向阀所控制的油口通路数分，换向阀有二位二通、二位三通、二位四通、二位五通、三位四通、三位五通等类型。不同的位数和通数是由阀体上不同的沉割槽和阀芯上的台肩组合形成的。

3）换向阀的符号表示

一个换向阀的完整符号应具有工作位置数、通口数和在各工作位置上阀口的连通关系、控制方法以及复位、定位方法等。如图 13.6 所示为三位四通电磁换向阀。

(a) 外观图　　　　　　　　(b) 符号

图 13.6　三位四通电磁换向阀

各类换向阀的图形表达方式见表 13.1。

表 13.1　　　　　　　　　　各类换向阀的图形表达方式

项　目	图　例			说　明
	一位	二位	三位	"位"是指阀与阀的切换工作位置数，用方格表示
位				

（续表）

项 目	图 例			说 明
位与通	二位二通（常开）	二位三通	二位四通	"通"是指阀的通路口数，即箭头"↑"或封闭符号"⊥"与方格的交点数。 三位阀的中格、两位阀画有弹簧的一格为阀的常态位。常态位应绘制出外部连接油口（方格外短竖线）的方格
	二位五通	三位四通	三位五通	
阀口标志	压力油的进油口		通油箱的回油口	连接执行元件的工作油口
	P		T	A、B

换向阀的控制方式和复位弹簧符号画在主体符号两端上。换向阀按控制阀芯移动方式分为手柄式、机械控制式、电磁铁、加压或卸压控制等。其符号见表13.2。

表 13.2　　　　　　　　　换向阀常用的控制方式符号

手柄式	机械控制式			单作用电磁铁	加压或卸压控制
	顶杆式	滚轮式	弹簧式		

4）三位换向阀的中位机能

三位换向阀的阀芯在阀体中有左、中、右三个工作位置。中间位置可利用不同形状及尺寸的阀芯结构，得到多种不同的油口连接方式。三位换向阀在常态位置（中位）时各油口的连通方式称为中位机能。中位机能不同，阀在常态时对系统的控制性能也不相同。三位四通换向阀常见的中位机能型号、图形符号及其特点见表13.3。

表 13.3　　　　　　　　三位四通换向阀常见的中位机能型号、图形符号及其特点

型 号	结构简图	图形符号	缺 点
O			P、A、B、T 四个通口全部封闭，液压缸闭锁，液压泵不卸荷
H			P、A、B、T 四个通口全部相通，液压缸活塞呈浮动状态，液压砂卸荷

（续表）

型　号	结构简图	图形符号	缺　点
Y			通口 P 封闭，A、B、T 三个通口相通，液压缸活塞呈浮动状态，液压泵不卸荷
P			P、A、B 三个通口相通，通口 T 封闭，液压泵与液压缸两腔相通，可组成差动回路
M			通口 P、T 相通，通口 A、B 封闭，液压缸闭锁，液压泵卸荷

13.1.2　换向回路

执行元件的换向，一般可采用各种换向阀来实现。根据执行元件换向的要求不同可以采用二位四通或五通、三位四通或五通等各种控制类型的换向阀进行换向。电磁换向阀的换向回路应用最为广泛，尤其是在自动化程度要求较高的组合机床液压系统中被广泛采用。

如图 13.7 所示，采用二位四通电磁换向阀，实现单活塞液压缸的换向。

电磁铁通电时，换向阀左位工作，压力油进入液压缸左腔，推动活塞杆向右移动；电磁铁断电时，换向阀右位工作，压力油进入液压缸右腔，推动活塞杆向左移动。

如图 13.8 所示，采用三位四通手动换向阀，实现双活塞液压缸的换向。

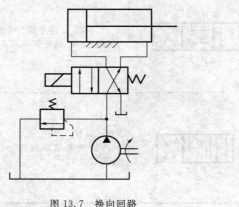

图 13.7　换向回路

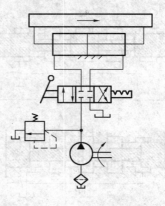

图 13.8　手动换向回路

13.1.3　锁紧回路

为了使执行元件能在任意位置上停留以及在停止工作时防止在受力的情况下发生移动,可以采用锁紧回路。

如图13.9所示为采用O型(或M型)中位机能的三位四通电磁换向阀的锁紧回路。当阀芯处于中位时,液压缸的进、出口都被封闭,可以将液压缸锁紧。这种锁紧回路由于受到滑阀泄漏的影响,锁紧效果较差。

如图13.10所示为采用液控单向阀的锁紧回路。在液压缸的进、回油路中都串接液控单向阀1、2(又称液压锁),活塞可以在行程的任何位置锁紧,其锁紧精度只受液压缸内少量的内泄漏影响,因此,锁紧精度较高。采用液控单向阀的锁紧回路,三位四通电磁换向阀的中位机能应使液控单向阀的控制油液卸压(换向阀采用H型或Y型),此时液控单向阀便立即关闭,活塞停止运动。

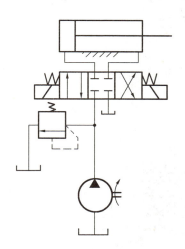

图13.9　采用O型中位机能的三位
四通电磁换向阀的锁紧回路

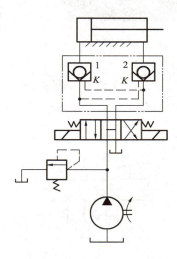

图13.10　采用液控单向阀的锁紧回路
1、2—液控单向阀

13.2　速度控制回路

控制执行元件运动速度的回路称为速度控制回路。速度控制回路一般是通过改变进入执行元件的流量来实现的,主要采用变量泵供油或采用定量泵和流量控制阀来进行执行元件的速度控制。采用变量泵调速称为容积调速;采用定量泵和控制阀调速称为节流调速;采用变量泵和控制阀调速称为容积节流调速。

13.2.1　流量控制阀

1.节流阀

如图13.11(b)所示,油液在经过节流口时会产生较大的液阻,通流截面积越小,油液受到的液阻就越大,通过阀口的流量就越小。所以,改变节流口的通流截面积,使液阻发生变化,就可以调节流量的大小,这就是流量控制阀的工作原理。拧动阀上方的调节螺钉,可以使阀芯作轴向移动,从而改变阀口的通流截面积,使通过节流口的流量得到调节。图 13.11(c)所示为节流阀的图形符号。

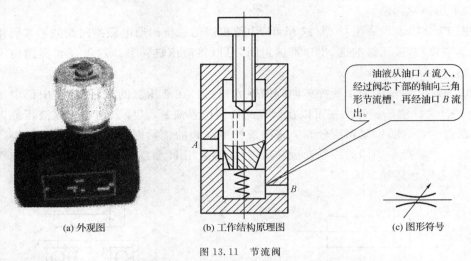

(a) 外观图　　　(b) 工作结构原理图　　　(c) 图形符号

图 13.11　节流阀

油液从油口 A 流入,经过阀芯下部的轴向三角形节流槽,再经油口 B 流出。

节流口的形式主要有针阀式、偏心式、三角槽式和周向缝隙式等。图 13.12 所示为节流阀常用节流口形式。

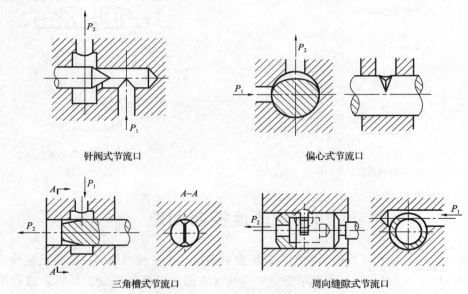

针阀式节流口　　　偏心式节流口

三角槽式节流口　　　周向缝隙式节流口

图 13.12　节流阀常用节流口形式

2.调速阀

如图 13.13 所示,调速阀是由减压阀和节流阀串连组合而成的组合阀。这里所用的减压阀是一种直动型减压阀,称为定差减压阀。用这种减压阀和节流阀串连在油路里,可以使节流阀前后的压力差保持不变,从而使通过节流阀的流量亦保持不变,因此,执行元件的运动速度就保持稳定。

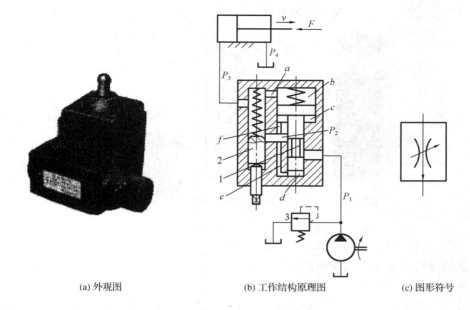

(a) 外观图　　　　　　　(b) 工作结构原理图　　　　　　　(c) 图形符号

图 13.13　调速阀
1—减压阀阀芯；2—节流阀阀芯；3—溢流阀

图 13.13(b)所示为调速阀的工作结构原理图。油液压力 P_1 经节流减压后以压力 P_2 进入节流阀，然后以压力 P_3 进入液压缸左腔，推动活塞以速度 v 向右运动。节流阀两端的压力差 $\Delta P = P_2 - P_3$。减压阀阀芯上端的油腔 b 经通道 a 与节流阀出油口相通，其油液压力为 P_3；其肩部油腔 c 和下端油腔 d 经通道 f 和 e 与节流阀进油口（即减压阀出油口）相通，其油液压力为 P_2。

当作用于液压缸的负载 F 增大时，压力 P_3 也增大，作用于减压阀阀芯上端的液压力也随之增大，使阀芯下移，减压阀进油口处的开口加大，压力降减小，因而使减压阀出口（节流阀出口）处压力 P_2 增大，结果保持了节流阀两端的压力差 $\Delta P = P_2 - P_3$ 基本不变。

当负载 F 减小时，压力 P_3 减小，减压阀阀芯上端油腔压力减小，阀芯在油腔 c 和 d 中压力油（压力为 P_2）的作用下上移，使减压阀进油口处开口减小，压力降增大，因而使 P_2 随之减小，结果仍保持节流阀两端的压力差 $\Delta P = P_2 - P_3$ 基本不变。

因为减压阀阀芯弹簧很软，当阀芯上下移动时其弹簧作用力变化不大，所以节流阀两端的压力差 $\Delta P = P_2 - P_3$ 基本不变，为一常量。也就是说，当负载变化时，通过调速阀的油液流量基本不变，液压系统执行元件的运动速度保持稳定。

3. 溢流阀

溢流阀在液压系统中最主要作用是维持系统压力恒定和限定最高压力，以及在节流调速系统中和流量控制阀配合使用，调节进入系统流量。几乎所有液压系统都要用到溢流阀。溢流阀通常接在液压泵出口处的油路上。

根据结构和工作原理的不同，溢流阀可分为直动型溢流阀和先导型溢流阀两种。

1）直动型溢流阀

图 13.14(b)所示为直动式溢流阀，它由阀体 1、阀芯 2（阀芯可以是锥形、球形或圆柱形）、调压弹簧 3 和调压螺杆 4 组成；压力油进口 P 与系统相连，油液溢出口 T 通油箱。图

13.14(c)所示为直动型溢流阀的图形符号。

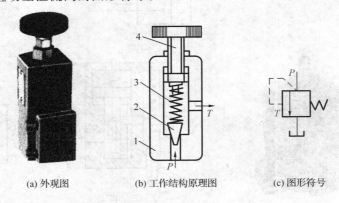

(a) 外观图　　　　(b) 工作结构原理图　　　　(c) 图形符号

图 13.14　直动型溢流阀

1—阀体；2—阀芯；3—调压弹簧；4—调压螺杆

当进油口压力小于溢流阀的调定压力值 k 时，由于阀芯受调压弹簧力作用使阀口关闭，油液不能溢出。

当进油口压力等于溢流阀的调定压力值 k 时，阀芯两端所受的液压力与弹簧力相平衡，此时阀口即将打开。

当进油口压力超过溢流阀的调定压力值 k 时，液压力将阀芯向上推起，压力油进入阀口后经 T 口流回油箱，使进口处的压力不再升高。

溢流阀工作时，阀芯随着系统压力的变化而上下移动，以此维持系统压力基本稳定，并对系统起安全保护作用。

调压原理：旋动调压螺杆可调节调压弹簧的预紧力，可以改变溢流阀的调定压力。

直动型溢流阀因进口压力油直接作用于阀芯，故称直动型溢流阀。直动型溢流阀的特点是结构简单、制造容易，一般只适用于低压、流量不大的系统。若液压系统压力较高和流量较大时，则需采用先导型溢流阀。

2）先导型溢流阀

图 13.15 所示为先导型溢流阀，由主阀 I 和先导阀 II 两部分组成，如图 13.15（b）所示。先导阀的阀芯是锥阀，用于控制压力；主阀阀芯是滑阀，用于控制流量。结构中通口 P 为压力油进口，通口 T 为油液溢出口，通口 K 为远程控制口，孔 3 为阻尼孔。图 13.15（c）所示为先导型溢流阀的图形符号。图 13.15（b）所示为先导型溢流阀的工作结构原理图，在图中压力油从 P 口进入，通过阻尼孔 3 后作用在先导阀 4 上，此时远程控制口 K 关闭。

当进油口压力较低，先导阀 4 上的液压作用力小于先导阀右边的调压弹簧 5 作用力时，先导阀 4 关闭。因为没有油液流过阻尼孔 3，主阀芯 2 上、下两腔压力相等，所以主阀芯 2 在主阀弹簧力的作用下处于最下端位置，主阀也处于关闭状态，溢流阀没有溢流。

当进油口压力升高到作用在先导阀 4 上的液压力大于先导阀 4 所受弹簧作用力时，先导阀 4 打开，压力油就可通过阻尼孔 3 经先导阀 4 流回油箱。由于油液流过阻尼孔 3 时有压力降，使主阀芯 2 上腔的油液压力小于下腔的油液压力，有两种情况：一种情况是当主阀芯 2 上、下两腔的压力差不足以使主阀芯上移时，主阀关闭；另一种情况是当这个压力差足以使主阀芯上移时，主阀口开启，油液从 P 口流入，经主阀阀口由 T 口流回油箱，实现溢流，

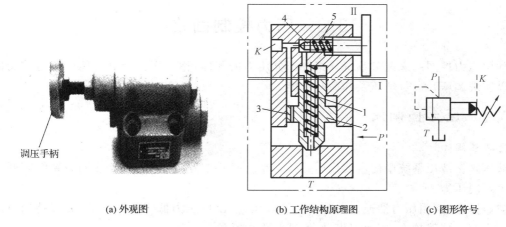

(a) 外观图　　　　(b) 工作结构原理图　　　　(c) 图形符号

图 13.15　先导型溢流阀

1—主阀弹簧;2—主阀芯;3—阻尼孔;4—先导阀;5—调压弹簧

使系统压力不超过设定压力并维持压力基本稳定。

调压原理:旋动调压手柄,调节调压弹簧的预紧力,可改变溢流阀的调定压力。

在先导型溢流阀中,先导阀的作用是控制和调节溢流压力,主阀的功能则在于溢流。先导阀因为只通过泄油,其阀口直径较小,即使在较高压力的情况下,作用在阀芯上的液压推力也不是很大,因此调压弹簧的刚度不必很大,压力调整也就比较轻便。主阀芯因两端均受油压作用,主阀弹簧只需很小的刚度,当溢流量变化引起弹簧压缩量变化时,进油口的压力变化不大,故先导型溢流阀的稳压性能优于直动型溢流阀。但先导型溢流阀是二级阀,其灵敏度低于直动型溢流阀。

先导型溢流阀有一个远程控制口 K,可实现远程调压或卸荷(与油箱相通),不用时关闭。

13.2.2　调速回路

在图 13.16 中,液压泵输出的油液一部分经调速阀进入液压缸的工作腔,泵内多余的油液经溢流阀流回油箱。调节调速阀通流面积,即可改变通过调速阀的流量,从而调节液压缸的运动速度。在负载较重、速度较高或负载变化较大时采用调速阀。

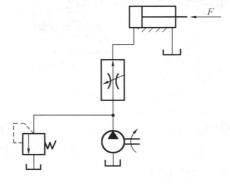

图 13.16　调速阀的应用

13.3 压力控制回路

利用压力控制阀来调节系统或某一部分压力的回路,称为压力控制回路。压力控制回路可以实现调压、减压、增压及卸荷等功能。

13.3.1 压力控制阀

1.减压阀

减压阀在液压系统中的主要作用是降低系统某一支路的油液压力,使同一系统有两个或多个不同压力。

减压原理:利用压力油通过缝隙(液阻)降压,使出口压力低于进口压力,并保持出口压力为一定值。缝隙越小,压力损失越大,减压作用就越强。

根据结构和工作原理的不同,减压阀可分为直动型减压阀和先导型减压阀两种。一般采用先导型减压阀。

1)直动型减压阀

图 13.17 所示为直动型减压阀,由调压螺栓 1、调压弹簧 2、阀芯 3 和阀体 4 等组成。结构中 h 为减压缝隙,P_1 为进油口,P_2 为出油口,L 为泄油口。图 13.17(c)所示为直动型减压阀的图形符号。

因直动型减压阀出油口接负载,所以泄油口 L 必须单独接回油箱。通过阀体内部通道将 P_2 与阀芯底腔连通。为此,阀芯将受到在压力 P_2 的作用下产生的向上的液压力,与阀芯上腔的调压弹簧力相平衡。

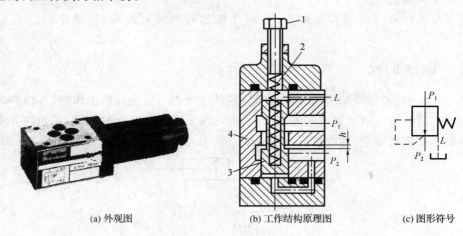

(a) 外观图　　　　(b) 工作结构原理图　　　　(c) 图形符号

图 13.17　直动型减压阀

1—调压螺栓;2—调压弹簧;3—阀芯;4—阀体

减压阀在常态时是开启的,其进油口 P_1 和出油口 P_2 是连通的。油液经 P_1 口进入,从 P_2 口流出并作用在负载上。为此,压力 P_2 的大小取决于出口所接的负载,负载增大,P_2 增大。但是,最大值不超过减压阀的调定值。

当作用在阀芯上的液压力小于弹簧力时,阀芯不动,$P_1 = P_2$,其压力值由出口负载决定。

当作用在阀芯上的液压力大于弹簧力时,阀芯上移,使缝隙 h 减小,直至作用在阀芯上的液压力等于弹簧力,达到新的平衡,P_2 将不再升高,起到减压作用。

若增大或减小 P_2 的值,只需调节螺栓,加大或减小调压弹簧压缩量即可。

直动型减压阀结构较简单,适用于低压系统。

2)先导型减压阀

图 13.18(a)所示为先导型减压阀,由主阀 I 和先导阀 II 两部分组成。它们分别由主阀芯 1、主阀阀体 2、主阀弹簧 3、锥阀 4、先导阀阀体 5、调压弹簧 6 和调压螺帽 7 等组成。结构中 h 为减压缝隙,b 为阻尼孔,P_1 为进油口,P_2 为出油口,L 为泄油口。图13.18(b)所示为先导型减压阀的图形符号。

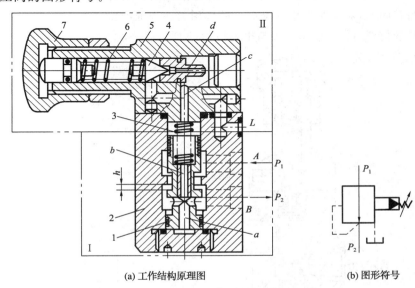

(a) 工作结构原理图　　　　　　　　(b) 图形符号

图 13.18　先导型减压阀

1—主阀芯;2—主阀阀体;3—主阀弹簧;4—锥阀;5—先导阀阀体
6—调压弹簧;7—调压螺帽;a—轴心孔;b—阻尼孔;c、d—通孔

压力为 P_1 的高压油液自进油口 A 进入主阀,经减压缝隙 h 后,压力降至 P_2 的低压油液自出油口 B 流出,送往执行元件;同时,出口处的部分低压油液经主阀芯 1 的阻尼孔 b 和轴心孔 a 分别进入主阀芯的上、下两腔。进入主阀芯上腔的低压油液再经过通孔 c、d 作用在锥阀 4 上并与调压弹簧 6 相平衡,以此控制出口压力的稳定。

当出口压力较低未达到先导阀的调定值时,作用于锥阀上的液压力小于调压弹簧的弹簧力,先导阀阀口关闭,阻尼孔 b 内的油液不流动,主阀芯上、下两腔的压力相等。主阀芯被主阀弹簧 3 推至最下端,减压缝隙 h 开至最大,进、出口的油液压力基本相同,减压阀处于非调节状态。

当出口压力升高超过先导阀的调定值时,作用在锥阀上的液压力大于调压弹簧的弹簧力,锥阀被顶开,主阀下腔的油液经孔 b、c、d 至先导阀阀口,经泄油口 L 流回油箱;此时阻孔 b 中有油液流过,其两端产生压力降,使主阀芯下腔中的压力大于上腔中的压力。当此压力差足以克服摩擦力以及主阀弹簧的弹簧力而推动主阀芯上移时,减压缝隙 h 减小,流阻增大,油液流过缝隙的压力损失也增大,从而使出口压力降低,直到出口压力恢复为调定压力。

减压阀出口压力的大小,可通过调压弹簧 6 进行调节。

2. 顺序阀

顺序阀在液压系统中的主要作用是利用液压系统中的压力变化来控制油路的通断,从而实现某些液压元件按一定的顺序动作。

根据结构和工作原理的不同,顺序阀可分为直动型顺序阀和先导型顺序阀两种,一般多使用直动型顺序阀。此外,根据所用控制油路连接方式的不同,顺序阀分为内控式和外控式两种。

1)直动型顺序阀

图 13.19(a)所示为直动型顺序阀的工作结构原理图。压力油自进油口 A 经阀芯内部小孔作用于阀芯底部,对阀芯产生一个向上的作用力。当油液压力较低时,阀芯在弹簧力的作用下处于下端位置,此时进油口 A 与出油口 B 不通。

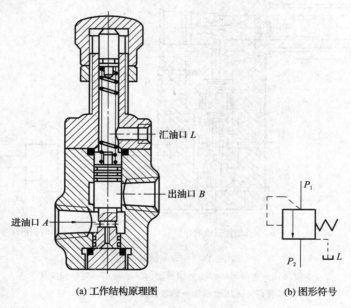

(a) 工作结构原理图　　　　　(b) 图形符号

图 13.19　直动型顺序阀

当进口油压增大到预调的数值以后,阀芯底部受到的上推力大于弹簧力(阀芯上腔的泄油可通过泄油口 L 流回油箱),阀芯上移,此时进油口 A 与出油口 B 相通,压力油就从顺序阀流过。顺序阀的调定压力可以用调压螺母来调节。图 13.19(b)所示为直动型顺序阀的图形符号。

2)先导型顺序阀

图 13.20(b)所示为先导型顺序阀的工作结构原理图。其工作原理与先导型溢流阀相似,所不同的是先导型顺序阀的出油口 P_2 通常与另一工作油路连接,该处油液为具有一定压力的工作油液,因此需设置专门的泄油口 L,将先导阀 Ⅰ 处溢出的油液输出阀外。先导型顺序阀的阀芯启闭原理与先导型溢流阀相同。图 13.20(c)所示为先导型顺序阀的图形符号。

如将出油口 P_2 与油箱连通,先导型顺序阀可用做卸荷阀。

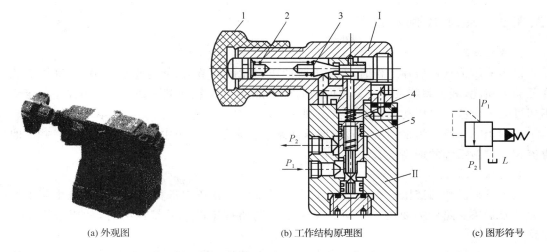

(a) 外观图   (b) 工作结构原理图   (c) 图形符号

图 13.20　先导型顺序阀

1—调节螺母；2—调压弹簧；3—锥阀；4—主阀弹簧；5—主阀芯

3.压力继电器

压力继电器是一种将液压信号转变为电信号的转换元件。当控制流体压力达到调定值时，它能自动接通或断开有关电路，使相应的电气元件(如电磁铁、中间继电器等)动作，以实现系统的预定程序及安全保护。

一般的压力继电器都是通过压力和位移的转换使微动开关动作，借以实现其控制功能。压力继电器主要有柱塞式、膜片式、弹簧管式和波纹管式等结构形式，其中以柱塞式最为常用。图 13.21 所示为液压柱塞式压力继电器。

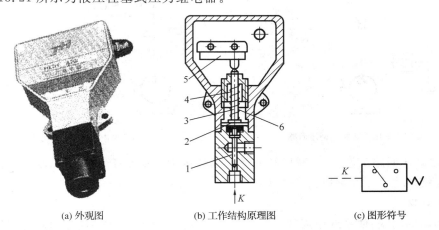

(a) 外观图   (b) 工作结构原理图   (c) 图形符号

图 13.21　液压柱塞式压力继电器

1—柱塞；2—限位挡块；3—顶杆；4—调节螺杆；5—微动开关；6—调压弹簧

液压柱塞式压力继电器下部的控制口 K 与系统相通，当系统压力达到预先调定的压力值时，液压力推动柱塞 1 上移并通过顶杆 3 触动微动开关 5 的触销，使微动开关发出电信号；当控制口 K 处的油液压力下降至小于调定压力时，顶杆 3 在调压弹簧 6 的作用下复位，继而微动开关 5 的触销复位，微动开关 5 发出回复电信号。限位挡块 2 可在系统压力超高时对微动开关 5 起保护作用。图 13.21(c) 所示为压力继电器的图形符号。

13.3.2　压力控制回路

1.调压回路

很多液压传动机械在工作时,要求系统的压力能够调节,以便与负载相适应,这样才能降低动力损耗,减少系统发热。调压回路的功用:使液压系统或某一部分的压力保持恒定或不超过某个数值。调压功能主要由溢流阀完成。

如图 13.22 所示为采用溢流阀的调压回路。在定量泵系统中,泵的出口处设置并连的溢流阀来控制系统的最高压力。

2.减压回路

在定量泵供油的液压系统中,溢流阀按主系统的工作压力进行调定。若系统中某个执行元件或某条支路所需要的工作压力低于溢流阀所调定的主系统压力时,就要采用减压回路。

减压回路的功用:使系统中某一部分油路具有较低的稳定压力。减压功能主要由减压阀完成。

如图 13.23 所示为采用减压阀的减压回路。回路中的单向阀 3 供主油路压力降低(低于减压阀 2 的调整压力)时防止油液倒流,起短时保压作用。

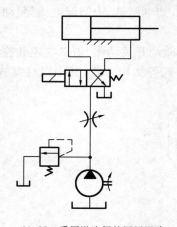

13.22　采用溢流阀的调压回路

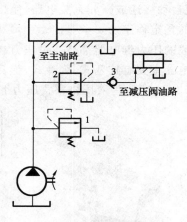

图 13.23　采用减压阀的减压回路

为了使减压回路工作可靠,减压阀的最低调整压力不应小于 0.5 MPa,最高调整压力至少应比系统压力小 0.5 MPa。

3.增压回路

增压回路的功用:使系统中局部油路或某个执行元件得到比主系统压力高得多的压力。采用增压回路比选用高压大流量泵要经济得多。

如图 13.24 所示为采用增压液压缸的增压回路。当系统处于图示位置时,压力为 P_1 的油液进入增压器的大活塞腔,此时在小活塞腔即可得到压力为 P_2 的高压油液,增压的倍数等于增压器大小活塞的工作面积之比。当二位四通电磁换向阀右位接入系统时,增压器的活塞返回,补充油箱中的油液经单向阀补入小活塞腔。这种回路只能间断增压。

4.卸荷回路

当液压系统中的执行元件停止工作时,应使液压泵卸荷。卸荷回路的功用:使液压泵驱动电动机不频繁启闭,让液压泵在接近零压的情况下运转,以减少功率损失和系统发热,延长泵和电动机的使用寿命。

卸荷回路有许多方式,如图 13.25 所示为二位二通换向阀构成的卸荷回路。

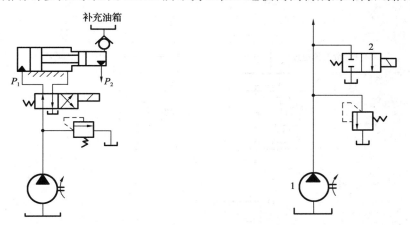

图 13.24　采用增压液压缸的增压回路　　　　图 13.25　二位二通换向阀构成的卸荷回路

1—溢流阀;2—减压阀;3—单向阀

利用三位四通换向阀的 M(或 H)型中位机能可使泵卸荷,如图 13.26 所示。

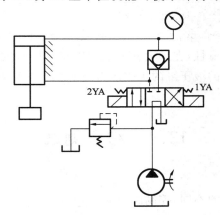

图 13.26　三位四通换向阀构成的卸荷回路

5.顺序动作控制回路

实现系统中执行元件动作先后次序的回路称为顺序动作控制回路。在液压传动的机械中,有些执行元件的运动需要按严格的顺序依次动作。例如,液压传动的机床要求先夹紧工件,然后使工作台移动进行切削加工,这在液压传动系统中,则采用顺序动作回路来实现。图 13.27 所示为采用两个单向顺序阀的压力控制顺序动作回路。其中阀 A 和阀 B 是由单向阀与顺序阀构成的组合阀,称为单向顺序阀。夹紧液压缸和钻孔液压缸依次按 1—2—3—4 的顺序动作。工作开始时,扳动二位四通手动换向阀手柄,使换向阀左位工作,压力油进入夹紧液压缸的左腔,回油经阀 B 中的单向阀流回油箱,实现动作 1;夹紧液压缸向右运动到达终点后,夹紧工件,系统压力升高,打开阀 A 中的顺序阀,压力油进入钻孔液压缸的左腔,回油经二位四通手动换向阀流回油箱,实现动作 2;钻孔结束后,松开二位四通手动换向阀手柄,使换向阀右位工作(图示位置状态),压力油进入钻孔液压缸的右腔,回油经阀 A

中的单向阀及二位四通手动换向阀流回油箱,实现动作 3,钻头退回;钻孔液压缸向左运动到达终点后,系统压力升高,打开阀 B 中的顺序阀,压力油进入夹紧液压缸的右腔,回油经二位四通手动换向阀流回油箱,实现动作 4,至此完成一个工作循环。

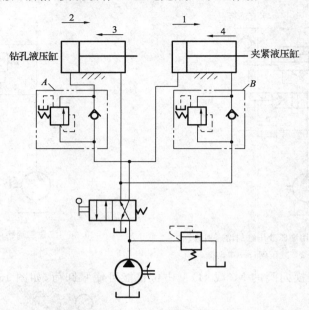

图 13.27 采用两个单向顺序阀的压力控制顺序动作回路

这种顺序动作回路的可靠性,在很大程度上取决于顺序阀的性能及其压力调整值。顺序阀的调整压力应比先动作的液压缸的工作压力高 $8 \times 10^5 \sim 1.0 \times 10^6$ Pa,以免在系统压力波动时发生误动作。

13.4 综合测试

一、填空题

1.根据用途和工作特点的不同,控制阀分为_____、_____和_____三大类。

2.流量控制阀主要包括_____和_____等。

3.方向控制阀用来控制油液_____,按用途分为_____和_____。

4.普通单向阀的作用是保证通过阀的液流只向_____流动而_____反方向流动;一般由_____、_____和_____构成。

5.换向阀通过改变阀芯和阀体间的_____来变换油液流动的方向,_____或_____油路,从而控制_____的换向、启动或停止。

6.换向阀按控制阀芯移动的方式,分_____、_____、_____、_____和_____等。

7.液控单向阀就是把_____的结构做成闭锁油路能够控制的阀。

8.压力控制阀用来控制液压系统中的_____,或利用系统中压力的_____来控制其他液压元件的动作。按照用途不同,压力阀可分为_____、_____、_____和_____等。

9.压力阀的工作原理是利用作用于阀芯上_____与弹簧力的_____的原理来进行工作的。

10.溢流阀在液压系统中的作用主要有:一是起_____作用,保持液压系统的压力_____;二是起_____作用,防止液压系统_____。

11.根据结构和工作原理的不同,溢流阀可分为_____溢流阀和_____溢流阀两种。

12.减压阀在液压系统中的主要作用有:_____系统某一支路油路压力,使同一系统有两个或多个_____压力,以满足执行机构的需要。

13.减压阀的减压原理是利用压力油通过_____,使_____低于_____,并保持出口压力为_____。

14.根据结构和工作原理的不同,减压阀可分为_____压阀和_____减压阀两种。一般常采用_____减压阀。

15.顺序阀在液压系统中的作用主要是利用液压系统中的_____来控制油路的_____,从而实现某些液压元件按一定的_____动作。

16.根据结构和工作原理的不同,顺序阀可分为_____顺序阀和_____顺序阀两种,一般多使用_____顺序阀。

17.压力继电器是一种将_____信号转变为_____的转换元件。当控制油液压力达到_____时,它能自动接通或断开有关电路,使相应的电气元件动作,以实现系统的_____及_____。

18.流量控制阀在液压系统中的作用是控制液压系统中液体的_____。

19.常用的液压辅件有_____、_____、_____、_____和_____等。

20.蓄能器的主要作用是:可以在短时间内供应_____,_____泄漏以保持_____,消除压力_____与_____冲击等。

21.油箱除了用来储油以外,还起到_____及分离油中_____和_____的作用。

22.液压基本回路是指由_____所构成的能完成_____的回路。

23.液压基本回路按不同的功能可分为_____、_____、_____和_____四大类。

二、选择题

1.(　　)属于方向控制阀。

A.换向阀　　　　　　　　B.溢流阀　　　　　　　　C.顺序阀

2.溢流阀属于(　　)控制阀。

A.方向　　　　　　　　　B.压力　　　　　　　　　C.流量

3.三位四通电磁换向阀,当电磁铁断电时,阀芯处于(　　)位置。

A.左端　　　　　　　　　B.右端　　　　　　　　　C.中间

4.在(　　)液压系统中,常采用直动式溢流阀。

A.低压、流量较小　　　　B.高压、大流量　　　　　C.低压、大流量

5.当液压系统中某一分支油路压力需低于主油路压力时,应在该油路中安(　　)。

A.溢流阀　　　　　　　　B.顺序阀　　　　　　　　C.减压阀

6.调速阀是由(　　)与(　　)串联组合而成的阀。

A. 减压阀   B. 溢流阀   C. 节流阀

7. 用（　　）进行调速时,会使执行元件的运动速度随着负载的变化而波动。

A. 单向阀   B. 节流阀   C. 调速阀

8. 流量控制阀是用来控制液压系统工作的流量,从而控制执行元件的（　　）。

A. 运动速度   B. 运动方向   C. 压力大小

9. 节流调速回路采用的主要液压元件是（　　）。

A. 顺序阀   B. 节流阀   C. 溢流阀

10. 蓄能器是一种（　　）的液压元件。

A. 存储液压油   B. 过滤   C. 存储压力油

11. 精密机床中的液压系统多采用（　　）。

A. 床身或底座作油箱   B. 单独油箱   C. 合用油箱

12. 液压系统在通常情况下,泵的吸油口一般应装有（　　）。

A. 蓄能器   B. 精过滤器   C. 粗过滤器

13. （　　）不是油箱的作用。

A. 散热   B. 分离油中杂质   C. 存储压力油

14. 为了使执行元件能在任意位置上停留,以及在停止工作时,防止其在受力的情况下发生移动,可以采用（　　）。

A. 调压回路   B. 增压回路   C. 锁紧回路

15. 调压回路所采用的主要液压元件是（　　）。

A. 减压阀   B. 节流阀   C. 溢流阀

16. 以下属于方向控制回路的是（　　）。

A. 卸荷回路   B. 换向回路   C. 节流调速回路

17. 利用压力控制阀来调节系统或系统某一部分压力的回路,称为（　　）。

A. 压力控制回路   B. 速度控制回路   C. 换向回路

18. 速度控制回路一般是采用改变进入执行元件的（　　）来实现的。

A. 压力   B. 流量   C. 功率

19. 减压回路所采用的主要液压元件是（　　）。

A. 节流阀   B. 单向阀   C. 减压阀

20. 以下不属于压力控制回路的是（　　）。

A. 换向回路   B. 卸荷回路   C. 增压回路

三、判断题 (在括号中,正确画"√",错误画"×")

1. 控制阀是液压系统中不可缺少的重要元件。 （　　）

2. 普通单向阀的作用是变换油液流动方向。 （　　）

3. 溢流阀通常接在液压泵出口处的油路上。 （　　）

4. 如果把溢流阀当作安全阀使用,则系统正常工作时,该阀处于常闭状态。 （　　）

5. 减压阀与溢流阀一样,出口油液压力等于零。 （　　）

6. 顺序阀打开后,其进油口的油液压力可允许持续升高。 （　　）

7. 减压阀的进油口压力低于出油口压力。 （　　）

8. 调速阀能满足速度稳定性要求高的场合。 （　　）

9. 节流阀是通过改变节流口的通流面积来调节油液流量的大小。　　　　　（　　）

10. 节流阀与调速阀具有相同的调速性能。　　　　　　　　　　　　　　　（　　）

11. 非工作状态下,减压阀常开,溢流阀常闭。　　　　　　　　　　　　　（　　）

12. 某液压系统中,若液压系统的工作压力为 2.5 MPa,则液压泵的额定压力必须大于 2.5 MPa。　　　　　　　　　　　　　　　　　　　　　　　　　　　　（　　）

13. 在液压系统中,过滤器可以安装在液压泵的吸油管路上或液压泵的输出管路上。
　　　　　　　　　　　　　　　　　　　　　　　　　　　　　　　　（　　）

14. 在液压系统中,液压辅件是必不可少的。　　　　　　　　　　　　　　（　　）

15. 采用液控单向阀的锁紧回路,一般锁紧精度较高。　　　　　　　　　　（　　）

16. 换向回路、卸荷回路等都属于速度控制回路。　　　　　　　　　　　　（　　）

17. 为使系统中局部油路或个别执行元件的压力得到比主系统压力高得多的压力,采用增压回路比选用高压大流量泵要经济得多。　　　　　　　　　　　　　　（　　）

18. 当液压系统中的执行元件停止工作时,一般应使液压泵卸荷。　　　　　（　　）

19. 一个复杂的液压系统是由液压泵、液压缸和各种控制阀等基本回路组成。（　　）

参考文献

[1]陈立德.机械设计基础[M].北京:高等教育出版社,2002.

[2]陈远华.机械设计基础[M].大连:大连理工大学出版社,2001.

[3]隋明阳.机械基础[M].北京:机械工业出版社,2008.

[4]孙大俊.机械基础[M].北京:中国劳动社会保障出版社,2008.

[5]孙大俊.机械基础习题册[M].北京:中国劳动社会保障出版社,2008.